JN222027

化学実験指針

第 5 版

千葉工業大学教育センター化学教室 編

学術図書出版社

序

　本書は，千葉工業大学の基礎教育課程における化学実験テキストとして編集されたものである．それゆえ，本書は，化学系専攻の学生のみならず，理工系の一般学生が，化学の基礎を修得するための実験を収録した．

　したがって，内容は，広く化学全般について概観することに主眼をおき，ごく基礎的な実験項目を選んである．

　化学実験は，他の自然科学の科目も同様であるが，専門分野の学習の基礎としても重要である．さらに，近年の科学技術の急速な進歩への対応や地球環境を考えると，化学実験の必要性は益々増大している．

　本書は，第1編で「実験の心得とレポートの書き方，実験技術」などを，第2編に各種の「実験項目」を11章にわたって記述し，最後に付録として単位や原子量表，周期律表など実験に必要な諸表をまとめて載せて構成した．

　実験項目の選択にあたっては，長年にわたる化学実験の経験に基づいて，初心者でも実験は，ほぼ3時間以内で終了でき，その準備や後片付けを含めても4時間以内で十分に完了できるよう配慮して決定した．

　本書の編集方法は，物質の具体的認識・把握を土台に，自然を観照する心構えを養成したい念願で貫いた．

　しかしながら，本書にはまだ不備な点があると思う．

　全体の構成，その他は執筆者の合意によりなされたが，多数の執筆者が分担したので，最善を払ったつもりであるが，不統一な点も見受けられる．これらの点は，識者のご教授，学生の反応を見て，さらに改善していくつもりである．

　終わりに本書の執筆にあたり，参考にさせていただいた数多くの成書の原著作者各位に厚く感謝するとともに，本書の出版に際し，お世話いただいた(株)学術図書出版社の発田孝夫氏に謝意を表す次第である．

　2024年3月

千葉工業大学教育センター化学教室

初版　序

　本書は，千葉工業大学一般教育課程における化学実験のテキストとして編集されたものである．そして，化学関連専攻の学生のみならず理工系の一般学生が，化学の基礎を修得するための実験を収録したものである．したがって，内容は広く化学全般について概観することに主眼をおき，ごく基礎的な実験項目を選んでいる．

　化学実験は，他の自然科学の科目も同様であるが，専門分野の学習の基礎としても重要である．最近の科学技術の急速な進歩に対処するには益々，化学実験の重要性が増大している．

　テーマの選択にあたっては，永年にわたる化学実験の経験に基づいて，初心者でも，ほぼ3時間以内で終了できるようにした．

　本書の編集方法は物質の具体的認識，把握を土台に自然を観照する心構えを養成したい念願で貫いた．しかしながら，本書にはまだ不備な点が多々あると思う．また，多数の執筆者が分担したので，最善を払ったつもりであるが不統一な点も見受けられる．これらの点は，識者の御批判，御教示を得て，さらに改訂していくつもりである．

　終わりに本書の執筆にあたり，参考にさせて頂いた数多くの成書の原著作者各位に厚く感謝すると共に，本書の出版にあたって，お世話になった株式会社学術図書出版社の方々に心から謝意を表する．

　　1990 年 3 月

千葉工業大学自然系化学教室

目　　次

執筆者 (50 音順)

池田茉莉・伊藤晋平・尾身洋典・笠嶋義夫・小林憲司

菅谷知明・谷合哲行・槌本昌信・半沢洋子・南澤麿優覽

第1編

実験の心得

第1章　実験上の心得

1-1　実験を始める前に

(1) 実験書をよく読み，実験の目的や内容を十分理解しておくべきである．テキスト通りにただ機械的に操作してはいけない．実験過程の1つ1つの操作の意味を理解し，関連事項は，参考書などで調べておく熱意が欲しい．

(2) 実験は時間内に終るようにする．そのためにはあらかじめ実験方法などについて調べて，計画を立てておくことが望ましい．

1-2　実験中に心得るべきこと

(1) 実験はまじめな態度で行うべきである．不まじめな行動は思わぬ災害を招き，他人にも迷惑をかけることになる．

(2) 定められた実験台は，常に清潔に保ち使用する器具類はよく洗い整頓しておかなければならない．倒れやすい器具類は，台の端の方に置くと危険である．

(3) 使用する薬品や器具は大切に扱い，不足したり破損したりしたならば，直ちに補充するよう心掛ける．

(4) 試薬ビンの栓は同時に2つ以上開けない．栓をとり違えたために，その試薬が汚染し，使用不可能になる場合が多い．

(5) 薬品をこぼしたままにしておくと災害のもとになる．薬品をこぼしたら直ちに雑巾で拭きとり，雑巾は洗っておく．

(6) ガス，水道水，薬品などはむだに使用しないように心掛ける．薬品などは大量に使用しても実験がうまくいくとは限らず，むしろその処理に時間と手間を要する．

(7) 実験で生じた廃棄物は，所定の場所に入れ，廃液はそれぞれ専用の廃液タンクに入れる．流しには絶対に捨ててはならない．

(8) 観察事項などは，直ちにレポートまたは実験用ノートに記録しておく．

1-3　災害および衛生について

(1) 実験中最も大切なことは，けがなどをしないよう安全に心掛けることである．

(2) 薬品を直接手で触れたり，いたずらに味をみたり，臭いをかいだりしてみてはならない．大部分の薬品は有毒である．誤って手に触れたり口にしないこと．もし，口に入ったら直ちに

水ですすぐこと．実験終了後は必ず手を洗う．

(3) 硫酸や水酸化ナトリウムなどが皮膚や目についたときは，直ちに大量の水で流し，担当教員に申し出て指示を受けること．危険な薬品を扱うときは，ゴム手袋，**保護メガネ (安全メガネ)** などの防具を使用する (実験室では，実験中は常に保護メガネを使用することが望ましい).

(4) 臭気を調べるときは直接鼻でかがず．手の平であおぎ，臭気を呼び込むようにする．

(5) 有毒ガスや悪臭気体を発生する恐れのある場合は，通気室 (ドラフト) を利用し，実験室内の空気を汚さぬようにする．実験室の換気については常に注意を払うこと．

(6) アルコール，エーテル，その他引火性あるいは発火性の薬品の取り扱いはとくに注意する．捨てる場合も同様である．

(7) 試験管，ガラス棒，ピペットなどをむやみに振り回さないこと．危険である．他人にも迷惑をかけることになる．

(8) 試験管を熱する場合，常に振りながら加熱する．その際，人のいる方へ口を向けないよう注意する．突沸した場合，危険である．

(9) ガラス器具類は，熱せられていても外見ではわからない．加熱するときには火傷をしないよう注意する．

(10) ガスバーナーを点火するときは，点火したライターなどの着火する道具の炎をノズルに近づけた後，ガスを流す．点火されたガスバーナーの炎の上部は高温になっているから，頭や衣類などを近づけないように注意する．点火 (着火) 用の道具は，使用後はロック機能などの安全を確認し直ちに所定の場所へ片付ける．

(11) ガラス器具が破損したら，直ちに片付け，掃除し，所定の場所に捨てる．破片は小さくなりやすく危険である．

(12) 実験室では身体や衣類を保護する意味で実験衣 (作業衣) を着用する．

(13) 実験中に起こった事故は，些細なことでも報告しなければならない．

(14) 消火器の備えてある場所を確かめておく．

1-4　化学実験レポートの書き方

　ここでは，化学実験の一般的なレポートの書き方について説明する．実験では，その準備 (予習) から始まり，器具の洗浄，実験操作，結果の整理，そして報告書の作成がひとつのサイクルになっている．「報告書 (レポート)」を作成する目的は，以下のとおりである．

(1) 自分が行った実験の目的を明らかにし，その実験の原理，理論背景を理解する．

(2) 実験で得られた情報 (結果) を整理し，どう使っていくかという，情報処理能力を養う．

(3) 考察を通して化学現象に対する「科学的な見方，考え方」を身に付ける．

(4) 社会に出たときに必要とされる「報告書」の書き方，作成技術を身に付ける．これは自分が行った実験研究を他人に理解してもらうために必要な技術である．

以上，(1)〜(4) の目的をよく理解してレポートを作成する．

[レポートの形式]

レポート用紙にペンまたは鉛筆を用いて丁寧に書く．表紙は必要事項を全て記入の上，実験レポートの第 1 ページとして添付する．レポートは以下の項目で構成し，さらに必要であれば副題 (サブタイトル) をつける．

1. 目　　的	6. 結　　論
2. 理　　論 (原理)	7. 感　　想
3. 方　　法	8. 参考文献
4. 結　　果	
5. 考　　察	

以下に各項目の説明といくつかの例を示す．

1. 目　　的

実験の目的を具体的かつ簡潔明瞭に書く．実験で用いる方法名や原理を詳細にまとめる．

> **例**：系統的定性分析の手法によりアルカリおよびアルカリ土類金属元素のイオンを分離し，その存在を確認する．本実験によって，どのような性質を利用してイオンが分離され，確認されるのか，その基本原理を学び，あわせてろ過など分離方法の具体的操作技術を習得することを目的とする．

2. 理　　論 (原理)

目的とする物質の分析や性質を調べるための分離操作および測定の原理，測定装置の作動原理などをサブタイトルをつけて整理する．実験項目の内容に関する原理を反応式や図，言葉で解説する．本を丸写しするのではなく，自分以外の人が読んで理解できるように簡潔にわかりやすくまとめることを心掛け，自分の言葉で書く．もし，書物などから引用した部分があれば，その場所がわかるように，最後に文献番号を入れ，「8. 参考文献」で書名などを書く．特に反応については必ず化学反応式を用い，式に通し番号をつけると「考察」で引用する場合に便利である．

> **例**：過マンガン酸滴定では，
>
> $$MnO_4^- + 8H^+ + 5e^- \longrightarrow Mn^{2+} + 4H_2O \qquad (2\text{-}1)$$
>
> という反応を利用する．ここで水素イオンは過マンガン酸イオンから酸素原子を奪う働きがあり，その結果，過マンガン酸イオンはマンガン (II) イオンに還元される．

3. 方　法

　実験書を丸写ししてはならない．「流れ図 (フローチャート)」または「箇条書き」にし，実験書を見なくても，その記述だけで実験操作ができるようにする．実験室にも参照用のフローチャートが貼ってあるが，大まかなガイドラインと考え，各人が実験を行うに際して，

① 　必要な器具の種類 (名称) や使用法

② 　操作の細部に渡る順序 (たとえば，試薬の採取量や入れる順番，用いる器具名)

③ 　生じる反応を反応式で示す．試薬の取り扱いに関する注意点をまとめる

など，各人が実験をスムーズに行うための工夫を書き込むとよい．

　フローチャートの例：第 2 編第 1 章を参照のこと．

4. 結　果

　測定結果や分析結果を図，グラフまたは表にまとめる．また沈殿の色などの観察結果は色鉛筆などを用いて実際の色を再現するとよい．図表の書き方には「科学系論文の一般的なルール」があり，これを知っておくと専門課程で役立つことが多い．図表の書き方の具体例は最後 (7 ページ) に示す．**なお，グラフは必ずグラフ用紙を用いて描き，レポート用紙に貼付するか，またはレポートの 1 つのページとする．レポート用紙の罫線を利用して描いてはいけない**．

5. 考　察

　原理，操作，生成物の確認，反応機構，主反応および観察などと得られた「結果」との関係を議論 (discussion) する．文献を丸写しするのではなく，自分の考えを科学的な観点から，自分の言葉で展開しなければならない．特に注意すべきは，実験結果や現象とその原因 (理由) との関係を議論する際に，「**本人の主観のみで考えては科学の議論にならない**」，ということである．必ず法則や過去に得られている事実や結果に基づき (引用参考書，文献が必要)，本実験で得られた結果や現象がどのように説明できるか (たとえば妥当性があるか否か) を議論すべきである．したがって，考察では本人がどれだけ実験を理解し，観察し，判断力を有しているかを相手に知らせ得るための表現力 (文章力) と結果法則や事実に基づいて説明するための総合力とが要求される．

例：ここでは凝固点降下を利用した分子量測定について，よい例と悪い例を挙げておく．凝固点降下法によってナフタレンの分子量を測定したところ，110 という値が得られたとしよう．なおモル質量 M (すなわち，分子量) は次式で求められ，G は溶媒 (この場合ベンゼン，モル凝固点降下 $K_f = 5.12\,\mathrm{K\,kg\,mol^{-1}}$) の質量 (g)，$w$ はナフタレン (溶質) の質量 (g)，Δt (℃) は溶媒と溶液の凝固点の差である．

$$\frac{(5.12\,\mathrm{K\,kg\,mol^{-1}}) \times 1000 \times w}{G \times \Delta t} \tag{2-5}$$

(悪い例) 　ナフタレンの分子量は本当は 128 であるが，実験では 110 となり，とんでもない数値になってしまい，失敗してしまった．たぶん温度計の読み方を間違えたか，撹拌 (かきまぜること) が不十分だったからだろう．

(よい例) 　本実験ではナフタレンの分子量として 110 を得た．分子式からすると 128 が

ナフタレンの分子量で，相対誤差は 14.1 ％となる．一般に凝固点降下法で分子量を測定した場合，これまで公表されている精密な実験では，誤差は数％以内[5] に収まると報告されている．したがって，本実験で得られた結果はこの誤差範囲を超えるものとなった．いま，計算値よりも測定値の方が小さいということは，(2-5) 式において分子よりも分母の方が大きいことを意味し，この原因として考えられることとして，まず温度計の読みとり誤差がある．(2-5) 式から分子量 128 のときに期待される Δt の値は 0.48 ℃であり，いま，得られた値 0.56 ℃は，0.08 ℃だけ期待値よりも大きいことになる．温度計の精度は 0.01 ℃で，目視による誤差が ±0.02 ℃あったとしても，分子量の誤差は 4 ％であり，14.1 ％より小さい．‥‥‥‥
‥‥‥‥‥‥‥

5) 蠣崎悌司，中野潤，長谷部清，化学と教育，**44**，57-58 (1996).

(悪い例) では，「実験が成功したとか失敗したか，主観的に判断している」こと，失敗の原因を「定量的に議論せず，"本当は"，"たぶん"，"…だろう" という曖昧な表現」が多いのに対し (よい例) では文献を示し「議論の根拠を明白にし，誤差も定量的に扱っている」点で科学的に議論しているといえる．したがって「**実験は成功することだけがよいのではない．考察事項が増える点で失敗したデータも大切にしてほしい．**」

6. 結　　論

当初の目的が達成されたか否か．この実験全体を通してわかったことは何かをまとめる．

特に結論は感想と区別し，目的で述べた原理や方法を基に，得られた結果から科学的にわかった事項を簡潔にまとめる．

7. 感　　想

実験に関する感想を書く．

> 例：パラレッドの合成では，反応温度を低温で一定に保つことが大切で，これを怠ると副反応が起こり，収率が悪くなることがわかった．実験では目的の収量を得ることはできなかったが，それによって逆にいろいろと考察できたので勉強になった．

8. 参考文献

レポート中で引用した文章，数値 (文献値) に対しては，その引用部分 (または数値) の右上に文献番号をつけ，レポートの最後に参考文献としてまとめて書く．文献番号はレポートのはじめから引用した順に 1)，2)，… とする．

> 例：一般にアルキル鎖が長くなるほどアルコールの沸点は高くなる[1]．エタノールでは沸点は 78.3 ℃[2] であるが，ペンタノールでは 137 ℃[3] である．

参考文献の書き方には以下のようなルールがあるので，これに従うこと．

a. 単行本の場合

文献番号，著者 (編者)，書名，ページ，発行年 (出版社) の順に書く．

1) 藤本　博，山辺信一，稲垣都士，"有機反応と軌道概念"，p.151，1986 (化学同人)
2) 長倉三郎他編集，"岩波 理化学辞典"，p.945-946，1989 (岩波書店)

b. 論文の場合

文献番号，著者，掲載雑誌名，巻数，ページ (発行年) の順に書く．

3) K. Chiba and T. Kodai, *Bull. Chem. Soc. Jpn.*, **XX**, YYYY-YYYY (20ZZ).

[図表の描き方]

表の場合には，表番号とタイトルを表の上に，図 (グラフ) の場合には，図番号とタイトルを図の下に書くこと．また，軸はペンを使って引き，数値，軸タイトルおよび単位を忘れてはならない．

図はグラフ用紙に，雲形定規または自在定規を用いて描くこと．フリーハンドは好ましくない．1 つの図に複数の曲線を描く場合は，—○—，—△—，—□— など，記号を変えて区別する．

表 1.1.1　試薬および関連化合物の物性

化合物名	分子式	分子量	b.p./℃	m.p./℃	n_{D}^{25}	溶解度
エタノール	C_2H_5OH	46.1	78.32[a]	−114.5	1.362	水溶 ∞
アニリン	$C_6H_5NH_2$	93.1	184.55	−5.98	1.586[b]	—

a) 760 mmHg.　b) 20 ℃

表 1.1.2　融点の測定結果

化合物名	m.p./℃	
	測定値	文献値
ナフタレン	79.5–80.0	80.2[1]
ショウノウ	179.0–179.7	179.7[2]
アセトアミド	80.0–81.0	81[3]
アントラセン	217.5–218.5	218[4]

1) ……，2) ……，3) ……，4) ……

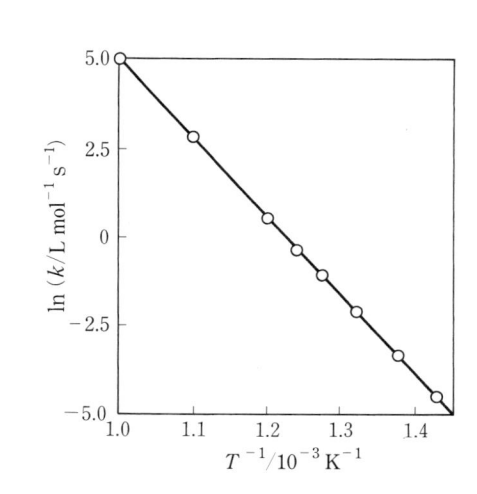

図 1.1.1　CH₃CHO の分解反応の Arrhenius プロット

1-5 数値の取り扱い

どの測定にも測定装置の限界や，その装置を使う実験者の能力の限界からくるある程度の不確実さがある．これは正確さの限界と精密さの限界で，正確さは測定された値がどれくらい真の値または承認された値に近いかを示すものであり，精密さないし再現性は同じ方法で繰り返し測定を行ったとき現れる変動を表す．実験誤差の範囲内で，測定精度をできるだけ完全に記述するために必要な桁数の数字を，有効数字という．有効数字 (significant figure) の桁数は小数点の位置とは無関係である．

数値の丸め方 (抜粋)

鉱工業における十進法の数値を丸める場合は，つぎのようにする (つぎの説明図は JIS-Z-8401 の規定に基づいて作成したものである).

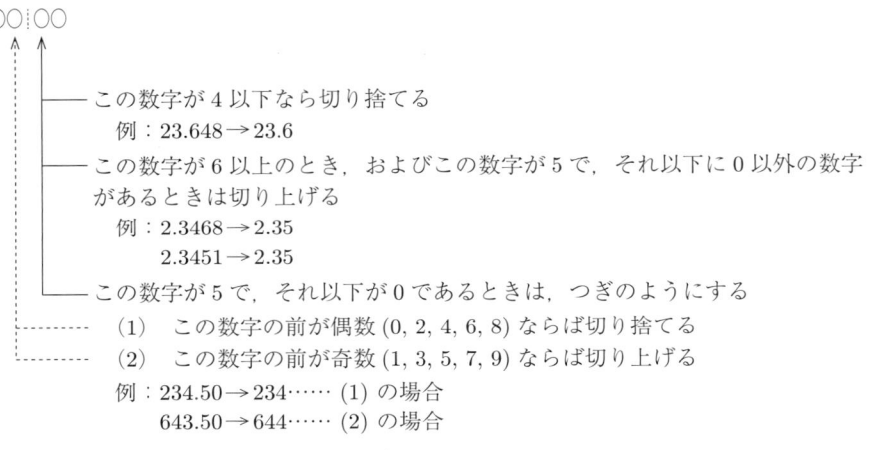

例：5 桁を有効数字 3 桁に丸める場合

- この数字が 4 以下なら切り捨てる
  - 例：23.648 → 23.6
- この数字が 6 以上のとき，およびこの数字が 5 で，それ以下に 0 以外の数字があるときは切り上げる
  - 例：2.3468 → 2.35
  - 　　2.3451 → 2.35
- この数字が 5 で，それ以下が 0 であるときは，つぎのようにする
  - (1) この数字の前が偶数 (0, 2, 4, 6, 8) ならば切り捨てる
  - (2) この数字の前が奇数 (1, 3, 5, 7, 9) ならば切り上げる
  - 例：234.50 → 234 …… (1) の場合
  - 　　643.50 → 644 …… (2) の場合

丸め上の注意

この丸め方は，もとの数値を一段階で丸めなければならない．

たとえば 6.346 を有効数字 2 桁に丸めれば 6.3 となる．

しかし，これを 6.346 → 6.35 → 6.4 としてはいけない．

以上のように，測定値として信頼できて意味をもつある桁数の数字を，有効数字という．有効数字の桁数は，実験の信頼性によって定まるものであるから，軽率に測定値に 0 をつけ加えたり，数字を丸めたり，0 を省略したりしてはならない．

計算に際しては，加減計算では不確実さは各成分の不確実さの和である．乗除計算では各成分の量の百分率不確実さの和で，有効数字の数は各成分の有効数字の一番少ないものの数と同じである．

第2章　実験技術 (一般操作法)

2-1　ガラス器具の取り扱い方

(1)　ガラスの種類と選び方

一般に化学実験に使用されているガラスを材質から分類すると，軟質ガラス，硬質ガラス，石英ガラスなどに分けられる．

軟質ガラスは硬質ガラスよりも軟化温度が低く細工しやすい．普通のソーダ石灰ガラスなどがこれに属し，その組成は $Na_2O\text{-}CaO\text{-}SiO_2$ 系を基本としているので水や酸にアルカリ分が溶出しやすく精密な実験には使用できない．また割れ易いが，ガラス管などには使用されている．

硬質ガラスは軟化点が高く，また常温での硬さも強いガラスの総称である．ソーダ石灰ガラスにおいては低アルカリにするとともに，ホウ酸，ケイ酸分などを加えホウケイ酸低アルカリガラスとしたものである．パイレックスガラス，エナガラス，テレックス，ハリオガラスなどは代表的な硬質ガラスである．硬質ガラスは軟化しにくいと同時に，熱ショックに耐え，また酸，アルカリに対する耐蝕性も大きいので理化学用のガラス器具として広く使用されている．

石英ガラスは純粋な石英 (SiO_2) を高温で溶融し，ガラス状にしたもので，透明なものと白色半透明なものとがある．高価であるが膨張率が小さいので急熱急冷に強い．

このように，ガラス器具は材質によってそれぞれ特色があるので用途によってその取り扱いには十分注意する必要がある．

(2)　ガラス器具の洗い方

化学実験で使用する器具は常に清浄でなければならない．器具を洗うときは，外側も必ず洗う必要がある．有色の汚れが付着している場合は一見してわかるが，微量の物質 (たとえば手の脂) などがついている場合は肉眼での判別がつきにくい．そのため，一見きれいに思われる器具であっても必ず洗いなおす必要がある．

ガラス器具を水で濡らして，水の膜が器壁にむらなく広がれば清浄であるが，不規則に切れたり，ところどころに水滴がついたりすれば，脂などが付着している証拠である．

ガラス器具を洗浄するには大別して化学的方法と機械的方法がある．

(a)　水で洗浄する．

酸，アルカリ，塩類などが付着していると思われるときは水で数回洗い流したのち (廃液入れを使用)，流し台でブラシを使って洗浄する．

(b)　洗剤，クレンザーなどをつけて洗浄する．

濡れたブラシに洗剤，クレンザーなどをつけて軽くこすって洗う．ビュレット，ピペット，メ

スフラスコなどの体積を正確に測りとる器具 (測溶器具) はこの方法で洗ってはならない．この種の器具は実験器具用特殊洗浄液などで洗浄する．

(c) クロム酸混液で洗浄する．(現在は特別な場合以外は使用されない)

　クロム酸混液は一般に二クロム酸カリウムの飽和溶液にほぼ等量の濃硫酸を加えて作り，暗赤色を呈している．有機物を酸化分解する能力をもち，その酸化力は硫酸の濃度と温度の上昇とともに増加する．クロム酸混液で洗浄する場合は洗浄するものを数時間この液に入れた後，取り出して水洗する．水洗いが不十分であると酸分が残るので水洗は十分行う必要がある．ビュレット，ピペット，メスフラスコなどの測容器具やブラシの先がとどかない所のある器具はこの方法で洗浄するとよい．クロム酸混液は吸湿性が強く，また反復して使用できるから栓のあるガラス容器に入れておくとよい．液が緑色を帯びてくると酸化力が弱まる．クロム酸混液は酸化力が強いので手，衣服，実験台などにつけないように注意する．

(d) 有機溶剤で洗浄する．

　汚れが落ちにくい有機物である場合，アルコール，石油ベンジンなどの有機溶剤で洗浄することがある．溶剤は少量ずつ使用し，使用した溶剤は容器に入れて保存しておくとよい．

(e) 酸で洗浄する．

　アルカリ性のものは比較的落ちにくいので薄い酸で中和した後，洗浄するとよい．微量の金属の酸化物などは濃塩酸，濃硝酸，王水などを用いて洗浄するとよい．

(f) 還元剤で洗浄する．

　汚れが酸化マンガン (IV) MnO_2 などである場合，硫酸酸性の薄い過酸化水素水，シュウ酸，亜硫酸ナトリウムなどの還元剤を用いて洗浄するとよい．

2-2　試薬ビンの扱い方

(1)　試薬の汚染

　試薬の汚染は確立された習慣に従えば避けることができる．試薬ビンの栓は同時に 2 つ以上開けてはならない．栓は内側が汚染しないように手で持つか，あるいは上を向けて置き，薬品を取り出した後は直ぐに閉めておく必要がある．また一度取り出した試薬は戻さないのが普通である．このため試薬は必要以上に取り出さないよう注意が必要である．

(2)　試薬の取り出し方

　固体試薬をビンから少量取り出すには清浄で乾いた薬さじを用いる．多量に取り出すにはビンを傾け，徐々に回転させて薬品を取り出す．液体試薬は直接容器に注ぎ込んで取り出す．口の小さい容器に取り出すにはロートを使用する．またビーカーなどに取り出す場合は，ビーカーの縁にそって流し込むか，あるいは図 1.2.1 のようにガラス棒を伝わらせて流し込むと液が飛び散るのを防ぐことができる．

図 1.2.1

(3)　試薬ビンの選び方

　固体試薬は広口ビンに，液体試薬は組口ビンに入れるのが普通である．

　一般にはスリ合せの共栓ビンでよいが，アルカリ性の強いものはゴム栓を使用するかポリエチレン製やテフロン製のビンを用いる．有機溶媒はゴム栓をさける．また硝酸銀溶液のように，光で変質する薬品は褐色ビンに入れる．このように試薬ビンは入れる薬品によって適切と思われるものを選ぶ．

　試薬を入れたビンには必ずラベルを貼り，薬品名，濃度，純度，調製年月日などを書き込んでおき，パラフィンを溶かして塗るか透明なフィルムでカバーすればたいていの薬品に侵されないですむ．溶液の濃度は一般にモル濃度，規定度，重量百分率などで表すことが多い．

　　　百分率 (%)：これには重量百分率と容量百分率がある．前者は溶液 100 g 中にある溶質の
　　　　グラム数で表し，後者は溶液 100 mL 中にある溶質の mL 数を表す．

　　　モル濃度 ($mol\,L^{-1}$ または M とも表記する)：溶液 1 L 中に溶けている溶質のモル数を表す．

　　　規定度 (N)：溶液 1 L 中に溶けている溶質のグラム当量数を表す．最近はモル濃度を使用
　　　　するようになった．

2-3　試験管の取り扱い方

(1)　試験管の持ち方と振り方

　試験管を持つには図 1.2.2 A のように親指を手前にし，人さし指と中指を向うがわにして，試験管の上端に近い所を持つとよい．中程をつかむと振るのに不便であるし，内容物を観察しにくい．試験管を振るには直立させないで，やや斜めにし，指で図 1.2.2 A のように回転させるとよい．

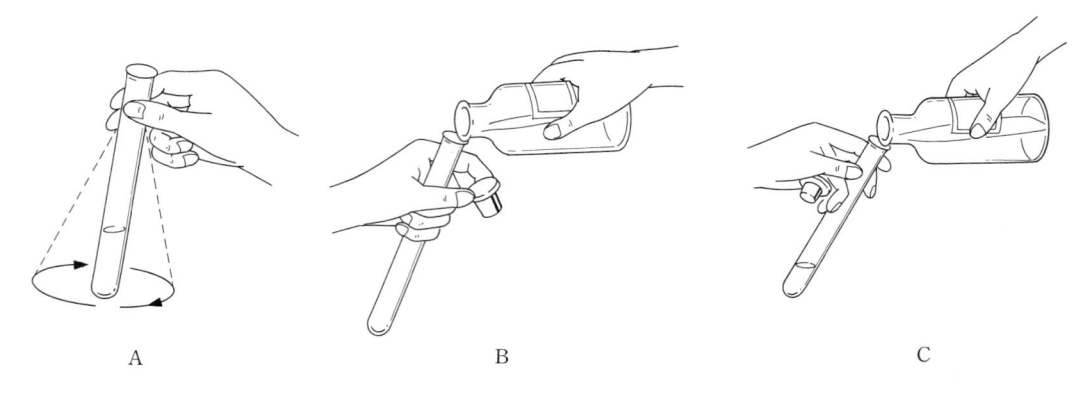

A   B   C

図 1.2.2 　試験管の取り扱い方

(2) 溶液の取り方

　溶液を試験管に取るには，きまった方法というものはない．たとえば，図 1.2.2 B のように，ビンをラベルが上に向くように右手で持ち，試験管を左手に持って親指と人さし指で栓を取り溶液をとる方法か，あるいは C のような方法がよい．取り終ったならばビンの口についている液滴を栓でぬぐってふたをする．普通は試験管の容積の約 1/5 量の溶液を取って実験する．

2-4 　加熱の仕方

(1) 　バーナーの使い方

　化学実験で用いる熱源としては主にガスと電気である．ガスバーナーにはブンゼンバーナー，チリルバーナー，テクルバーナー，メッカーなどがあるが，ここではブンゼンバーナーを改良した GS バーナーの使用法について説明する．GS バーナーは図 1.2.3 のように A, B, C の 3 部分から構成されている．B を左に回すとガス孔が開き，B をおさえて A を左に回すと空気孔が開き空気とガスとが混合する．A と B を適当に回すとガスの量と空気の量とを加減することができる．点火するには，バーナーの上にライ

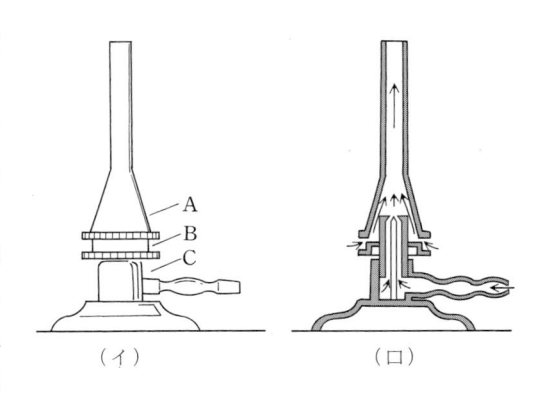

（イ）　　　　　（ロ）

図 1.2.3 　GS バーナー

ターなどの着火する道具の炎をかざしてガス孔 (B) を少し開き，点火する．バーナーは加熱する目的に応じて空気量，ガス量を A, B で調節し，炎を無色に近い状態にして使用する．また，ライターなどの着火する道具に点火してからガス孔 (B) を開けること．逆にすると小爆発が起こる可能性がある．

(2) 試験管の熱し方

試験管で液体を加熱する場合は加熱に適するように調節した炎の中でたえず振りながら行う．液体は試験管に 1/5 以上入れないようにする．多いと振りにくく，また突沸すると液が飛び散るので危険である．

(3) ビーカー，フラスコ類の熱し方

ビーカーやフラスコ類は試験管にくらべ熱に弱いので一部分を強熱したりしてはならない．特別の場合以外は，直火で加熱せずに，セラミック付金網にのせて行う．液体を加熱する場合は突沸を防ぐため沸騰石を入れるか，あるいは撹拌しなければならない．ほかに湯浴，油浴，金属浴，砂皿，ホットプレート，マントルヒーターなどの加熱方法があるが実験条件によって適当な方法を選択する必要がある．

2-5 沈殿の取り扱い方

(1) 沈殿のこし分け

溶液中に生じた沈殿をその母液と分離するにはろ過を行う．ろ過をするときはろ紙を図 1.2.4 のように折り，ロートの角度に合うようにひろげ，洗ビンから水を吹きつけて密着させる．密着させないとろ紙とロートの間に空気のあわができて，ろ過の速度が遅くなる．

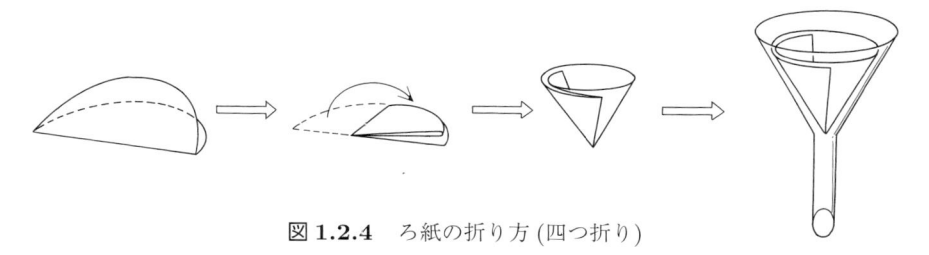

図 1.2.4　ろ紙の折り方 (四つ折り)

ろ紙には定性用，定量用，油用などの種類があり，その大きさにもいろいろある．ろ過をする目的によって大きさ，硬さ，目のあらさなどの適切なろ紙を選ぶ．

一般に沈殿はしばらく放置すると，上部が澄んでくるのでまず上澄液をこし (傾斜法)，最後に沈殿をこすようにすると早くろ過できる．ろ紙に溶液を入れる場合は図 1.2.5 のように，ガラス棒を軽くろ紙に触れさせ，溶液をろ紙上に導くようにする．このようにすると溶液の飛び散るのを防ぐことができる．液面の高さはろ紙の縁から 5 mm 位低いところまでを限度とし，ろ過されるに従って液を補充していく．最後に容器についている沈殿は洗ビンで水を吹きつけてろ紙上に洗

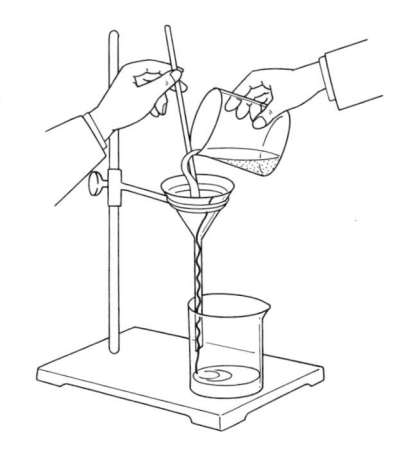

図 1.2.5　ろ過の仕方

い落す.

　ろ紙の折り方は，前述の「四つ折り」の他に「ひだ折り」がある．この折り方を図1.2.6に示す．必ず新しい折り目が外側にきて，古い折り目が内側にくるように折る．

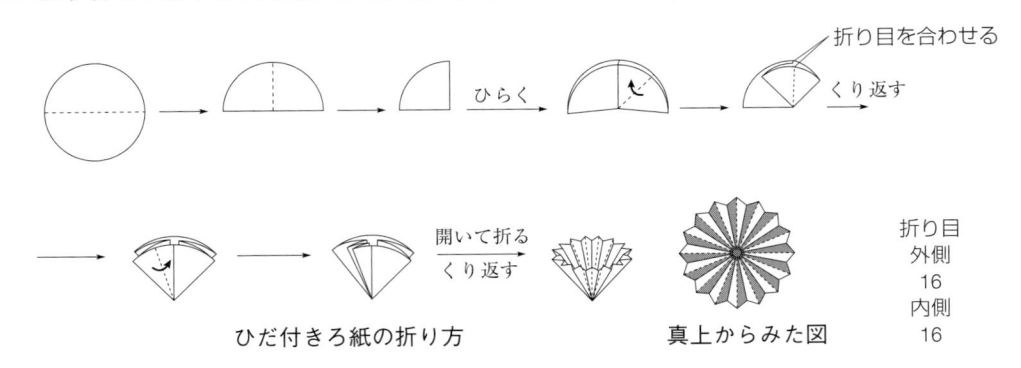

図1.2.6　ろ紙の折り方(ひだ折り)

[須賀恭一他著『化学実験—基礎と応用—』東京教学社 (1985) より転載]

　ろ過のしかたにはその他にガラスフィルターを使う方法や吸引ろ過をする方法などがある (吸引ろ過法については p.113 をみよ)．このようにろ過はろ過する沈殿や溶液の性質によって適切な方法を選ぶようにする．

(2)　沈殿の洗浄

　ろ過が済んだならば沈殿に付着している母液を完全に分離するため沈殿を洗浄する．その際，沈殿の溶解を最小限にとどめることが大切である．そのためには洗液が全部ろ紙を通過したのち，次の洗液を加えるようにする．洗液は沈殿の性質を考えて選ぶ (たとえば電解質溶液を加えるなど)．

(3)　沈殿の溶解

　ろ過した沈殿を再び溶解する場合，一般に次のような方法が行われる．

(a)　水その他の溶媒にその性質を変化させずに溶解させる (たとえば塩化鉛を温水に溶かす)．

(b)　複分解や錯化合物の生成などを利用して溶解させる (塩化銀はアンモニア水を加えて溶かす)．

　沈殿が溶媒に溶けやすい場合は溶媒を注いで溶かすが，溶け難い場合はガラス棒でろ紙の底部に小さな孔をあけ，溶媒を上から注いで沈殿を流し出した後，溶解させる．また沈殿の量が多いときは大部分の沈殿をさじで移し，残ったものはろ紙に孔をあけ溶媒で流し出した後，溶解させる．沈殿を溶かす場合，必要があれば加熱する．

2-6 容積を測る器具 (測容器具) の取り扱い方

化学実験で容積を測るという操作は，特に容量分析などでは重要である．ここでは主として容量分析に使用される器具のうち，メスフラスコ，メスシリンダー，ピペット，ビュレットについて述べる．これらは計量法に基づいて検定を受け，合格したものには検定証印がついている．そして容積の単位は，最近のものは mL であるが，旧計量法により cc が記入してあるものもある．

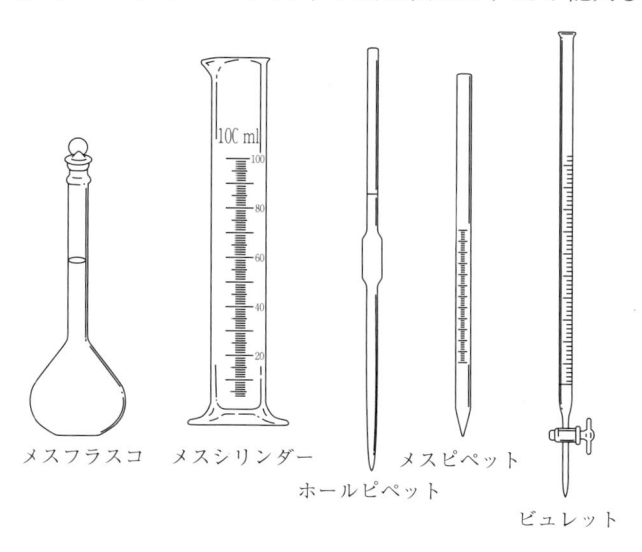

メスフラスコ　　メスシリンダー　　メスピペット

ホールピペット

ビュレット

図 1.2.7　容積を測る器具

(1)　メスフラスコ

図 1.2.7 に示したものが普通使用されている．記入してある容量には入れたときの液体の容積を示すもの (受け用といい，E 印がついている) と出した液体の容積を示すもの (出し用といい，A 印がついている) とがある．普通使用されるものは受け用である．メスフラスコには首の所に標線がついており，ここまで液体を入れたときの容積が球部に記入されている．メスフラスコは主に液体を正確に希釈したり，溶解した試料を一定体積にする場合に利用され，いろいろの容積のものがある．

(2)　メスシリンダー

メスシリンダーは受け用容器である．これはメスフラスコより精度は落ちるが，取り扱いが容易なためあまり精密さを必要としないときに使用する．したがって，本来ならば受け用容器であるが，出し用容器としても利用できるように，目盛りには両方の容積が記入してあるものもある．一般には左側の数値が出し用，右側が受け用として記入してある．メスシリンダーで液体を測る場合は誤差をできるだけ小さくするため 1 回の測容ですむもののうち最小容積のものを使用する．たとえば，80 mL をとりたい場合は 100 mL 用のものを使用し，50 mL や 250 mL 用などは

さける.

(3) ピペット

ピペットは一定体積の液体を取るのに用いられる出し用の容器である. 一般に3種類のものが使用されている.

(a) ホールピペット

これは3種のうちで最も正確に液体を測ることができる. 普通ピペットと呼ぶときにはこれをさしている. 標線が1本ついており, ここまで液体を吸い上げ, 流出した場合の容積が記入してある.

(b) メスピペット

$0.1 \sim 0.01 \, mL$ まで目盛が刻まれており, 端数の体積を扱うのに便利である. 精度はホールピペットより劣る.

(c) 駒込ピペット

液体の大体の量を取るのに使用される.

ピペットによる液体の取り方

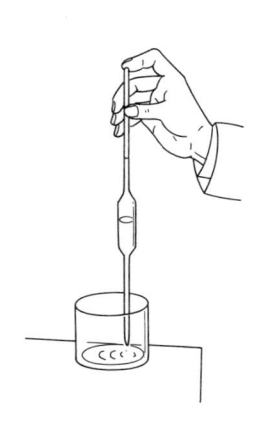

図 1.2.8

ホールピペットで液体を取る場合, ピペッターを用いて一連の操作を最後まで行うのが普通であるが, 次のように途中ではずす方法もある. 先端が常に液中にある状態にして, ピペッターで吸いあげ, 液が標線の上まで来たら, ピペッターをはずし, ピペットの吸い口を手早く人さし指で閉じる. ピペットを垂直に保ち, 指の押えを加減して液を流出させ標線に合わせる. 指で押えたままとり出し, 先端の液滴を器壁につけて取り除き, 別の容器で受け自然に流出させる (図1.2.8). この場合, 口で吹いて出してはいけない. ピペットから液体を流出させた後には先端の細い部分に毛管現象により必ず少しの液体が残る. この液の取り扱い方には次のような方法がある.

ⓐ 流出の際, 受器の壁にピペットの先端をあて, 大部分の流出が終ったら数秒待ってそのまま取り去る. 多くのピペットはこのように設計されている.

ⓑ ピペットの吸い口を指でふさぎ, もう片方の手でピペットの太い部分をにぎって温め, 内部空気の膨張を利用して液を押し出す.

一連の実験では流出法を一定にすることが必要である.

安全ピペッターの使用法

酸塩基をはじめ有害な物質を含む液体を, ホールピペットなどを使用してピペット操作するとき, 安全に行うために, ピペッターを使用する.

化学実験で使用する安全ピペッターには, スポイト型とシリンジ型がある.

A. スポイト型ピペッターの使い方

(1) ピペットの吸い口近くをもって，スポイトの⑤部の先の挿入部に5 mm程度差し込む．**ガラス製のピペットは折れやすいので十分注意して扱うこと**．ピペットの下部を持って強く差し込んではならない．

(2) Ⓐ部を親指と他の指で押さえ，同時にゴム球を押してへこませてⒶ部より空気を抜けばゴム球内は低圧になる（Ⓐ，⑤，Ⓔ部は，指で押すと弁が開く）．

(3) ピペットの先端を液体中に入れ，慎重に⑤部を押さえると液体はピペット中に吸入される．標線より少し上まで吸い上げる．

(4) Ⓔ部を押さえ注意しながら液体を排出し，メニスカスを標線に合わせる (p.18，図 1.2.12 参照)．

　　ピペット先端に残った液体は➡部分を指で閉じ，Ⓕを押すと，簡単に残った液体を完全に排出できる．

(5) ピペットの先を別の容器に入れ，Ⓔ部を押して液体を自然に排出させる．**この際，絶対に⑤部を押してはいけない**．ピペットの先端が液体に浸かっていない状態で潰したゴム球を押さえる前に⑤部を押さえるとピペット中の液体がゴム球内に入ってしまうので注意すること．

B. シリンジ型ピペッターの使い方

　　メスピペットや容量の小さいホールピペットなどで液体を測り取る (採取) ときは，シリンジ型ピペッターを使用すると便利である．

　　シリンジの先にゴム製のアダプターを付け，その挿入口にピペットの吸い口を差し込んで使用する．

　　装着時の注意点はスポイト型と同様である．

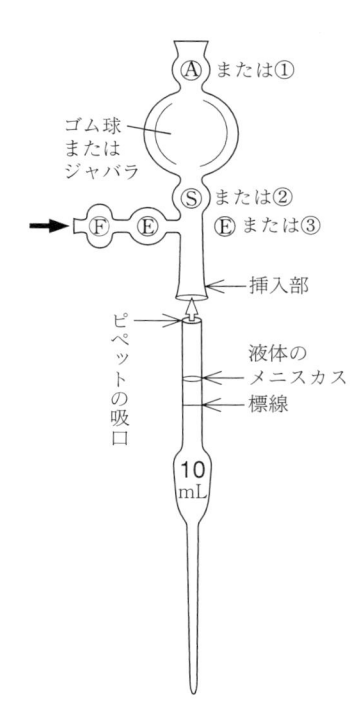

図 1.2.9 スポイト型

(4) ビュレット

　　ビュレットは出し用の容器である．これにもいろいろな種類があるが，実際に使用するものについて説明する．ビュレットは図 1.2.7 に示すように均一な内径をもったガラス管に目盛をつけたもので下端に流下速度を調節するコック (活栓) がついている．ビュレットをスタンドに保持するにはビュレットバサミを使用する．この際，ビュレットは垂直にして使用する．目盛線の読みはその種類によって違うが25 mL 用の場合は 1 目盛が 0.1 mL に相当する．各目盛の間は目測で1/10 目盛すなわち 0.01 mL まで読みとる．コックの部分がスリガラ

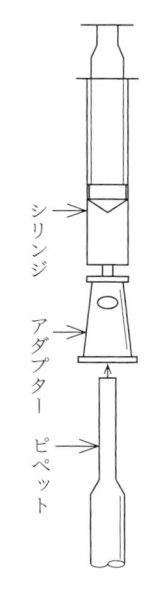

図 1.2.10 シリンジ型

スの場合にはワセリンなどをぬって使用する場合がある.

滴定操作上の心得

ⓐ ビュレットに溶液を入れる場合はまず少量の満たすべき溶液で数回洗ったのちゼロの目盛線の上まで溶液を満たす. コックを開けて溶液を流出させた後, 泡が入らないようにコックの下方の空間を溶液で満たした後, 液面をゼロ目盛線に合せる.

　内壁に水分がついているビュレットやピペットに溶液を入れると溶液は希釈され濃度が変化する. これを避けるため用いる溶液で洗浄する (使用する溶液の少量をビュレットやピペットに入れ, 傾けて回転させ, 全内壁が洗浄液に接触するようにする. これを数回繰返す). また, 液面を目盛線に合せる場合は液を入れ 1 ～ 2 分たったのち合せる. 直ちに合せると上部からの後流によって誤差を生じる.

ⓑ コックを操作して液を滴下する場合は左手でコックの反対側を軽く押え, 右手でコックを少し中へ押し込むようにして回転させる. または図 1.2.11 のように左手でコックをつかむようにして回転させ, 右手で受容器を振り混ぜてもよい.

ⓒ 液の滴下速度は 1 mL について 2 ～ 3 秒以上かけて行うようにする.

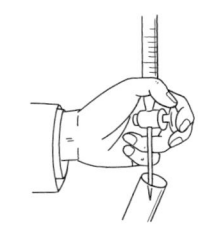

図 1.2.11　コックの操作法

ⓓ 滴定の終点近くになってくると 1 滴の量では多すぎることがある. このときはコックを調節して液滴が小さいうちに止め, 液滴を撹拌棒か器壁につけて下の液に加える. 普通のビュレットの場合, 1 滴の体積は 0.03 ～ 0.05 mL であるが, このようにすれば滴下量を 0.01 mL くらいにすることができる.

測容器の目盛の読み方

　液体の体積測定は液面を測容器具の壁に刻まれている目盛線で読みとって行う. 水の場合は凹んだ曲面 (メニスカス) になるので図 1.2.12 のように目の位置によって読みとり値が異なる. そこで眼を液体の水平面と合った高さで読みとる必要がある. $KMnO_4$ 水溶液のように液体が着色してメニスカスが見えないときは, 目盛と反対側に白い紙をあてて液面の最上部を読むとよい.

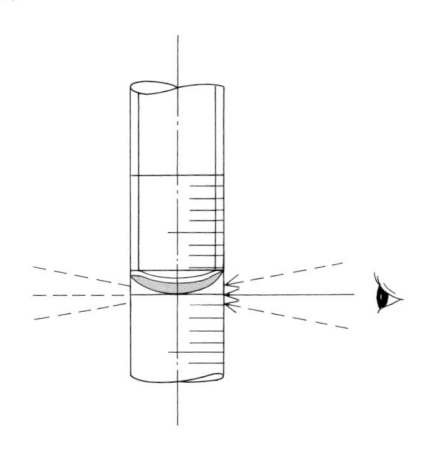

図 1.2.12　目盛の読み方

第2編

実験項目

第1章　Fe^{3+}, Al^{3+}, Cr^{3+} の反応

[概　説]

　一般に定性分析で，陽イオンとして扱われる金属元素は，表 2.1.1 に示した 23 種である (周期表を見ると，ほかにも多くの元素があるが，特殊なものが多い).

　以上の元素を系統的に処理するときは，適切な沈殿剤との反応を利用して表 2.1.2 のように 6 つのグループ (一般には属と呼んでいる) に区分し，これをさらに別個に分離して検出する方法をとっている.

表 2.1.1　系統的定性分析で陽イオンとして取り扱う元素

Ag, Pb, Hg, Cu, Cd, Bi, As, Sb, Sn, Al, Fe, Cr, Mn, Co, Ni, Zn, Ca, Sr, Ba, Mg, K, Na, $(NH_4^+)^*$

* NH_4^+ は元素ではないが，K^+ や Na^+ にその化学的性質が似ているので，定性分析の陽イオンに加えられている.

本実験では第 3 属の陽イオンについての反応と分離・確認反応を取り扱う.

表 2.1.2　陽イオンの分属 **

属	所属するイオン	分属に使用する試薬・条件
第 1 属	Ag^+, Hg_2^{2+}, Pb^{2+}	HCl
第 2 属 (A)	Pb^{2+}, Hg^{2+}, Cu^{2+}, Cd^{2+}, Bi^{3+}	酸性，H_2S
第 2 属 (B)	Sn^{2+}, Sn^{4+}, Sb^{3+}, Sb^{5+}, As^{3+}, As^{5+}	酸性，H_2S，多硫化アンモニウム
第 3 属	$Fe^{3+}(Fe^{2+})$, Al^{3+}, Cr^{3+}	NH_4Cl，NH_3 水
第 4 属	Co^{2+}, Ni^{2+}, Mn^{2+}, Zn^{2+}	$(NH_4)_2S$
第 5 属	Ba^{2+}, Sr^{2+}, Ca^{2+}	$(NH_4)_2CO_3$
第 6 属	Mg^{2+}, Na^+, K^+, NH_4^+	なし

** 分属の方法はどのイオンを先に分離するかでその配分も変わってくる.

　Fe^{3+}, Al^{3+}, Cr^{3+} は，塩化アンモニウム存在のもとでアンモニア弱塩基性にすれば水酸化物として沈殿する. 系統的定性分析では，この反応を利用して，表 2.1.2 による方法では第 3 属として分離される. 次にこれらのイオンを分離するには，まず水酸化物を HCl に溶かし塩化物とした後，NaOH で塩基性にして，Al^{3+}, Cr^{3+} を $[Al(OH)_4]^-$, CrO_2^- にし，さらに Na_2O_2 を作用させて CrO_2^- を CrO_4^{2-} に酸化し，Fe^{3+} のみ $Fe(OH)_3$ として分離する. 次にろ液を HCl で酸性とした後，再び NH_3 水で塩基性にすれば，Al^{3+} は $Al(OH)_3$ として沈殿するので分離が可能となる. 分離したものについてそれぞれ特有な確認反応を行う.

[予習事項]

(1) [概説] を参考にして，この実験の「目的」を記せ.

(2) 「実験方法」を箇条書き，またはフローチャートで示せ.

[実　　験]

器具

ビーカー (100 mL 4 個，300 mL 1 個)，試験管 3 本，ロート 2 個，ロート台 (2 個掛け) 1 台，ガラス棒 2 本，メスシリンダー (50 mL) 1 本，洗ビン (純水用 1 個，水道水用 1 個)，セラミック付き金網 1 枚，三脚台 1 台，ガスバーナー 1 台

試薬

6 M-HCl，6 M-NH$_3$ 水，0.2 M-NH$_4$Cl，6 M-NaOH，0.25 M-K$_4$[Fe(CN)$_6$]，1 M-KSCN，3 M-CH$_3$COONH$_4$，0.5 M-Pb(CH$_3$COO)$_2$，0.1 ％ アルミノン，3 M-(NH$_4$)$_2$CO$_3$，6 M-CH$_3$COOH，Na$_2$O$_2$

注意：過酸化ナトリウム (Na$_2$O$_2$) は布，紙に触れると発火することがある．使用には十分注意すること．乾いたティシュなどでふきとってはいけない!!

表 2.1.3　イオンの化学式と水溶液の色

	鉄 (III) イオン	アルミニウムイオン	クロム (III) イオン
化　学　式	Fe^{3+}	Al^{3+}	Cr^{3+}
水溶液の色	黄褐色	無色	緑色 (濃い溶液では緑紫色)

実験操作

(1) **試料溶液 1**

　　試料溶液 1 約 10 mL を 100 mL ビーカーにとり，0.2 M-NH$_4$Cl 約 10 mL を加えて煮沸し，火を止めてよくかきまぜながら 6 M-NH$_3$ 水を滴下して，塩基性とする (赤リトマス紙 → 青色で確認する)．さらに 1 ～ 2 分間煮沸 [a)] してから，ろ紙を用いてろ過し，**沈殿 3** と **ろ液 2** に分離する．**沈殿 3** は 0.2 M-NH$_4$Cl 約 10 mL の温溶液で洗浄する．

(2) **ろ液 2**

　　ろ液 2 は 6 M-NH$_3$ 水を 2 ～ 3 滴入れ，再度煮沸する．このときに，沈殿の生成が認められなければ捨ててよい．もし沈殿が生成した場合は，(1) の沈殿と一緒にする．

(3) **沈殿 3**

　　3 M-HCl (6 M-HCl を 2 倍に希釈) 約 15 mL を温め，ろ紙上へ注いで**沈殿 3** を溶解する (もし，沈殿が残っていたら，沈殿を溶かした HCl 溶液を再びろ紙上へ注ぎ溶解する)．この溶液に 6 M-NaOH を加えて塩基性 [b)] (赤リトマス紙 → 青色) とし，さらに 6 M-NaOH 5 mL を過剰に加える．Na$_2$O$_2$ 粉末を大さじ 1 杯分を少量ずつ加え [c)]，2 ～ 3 分間煮沸す

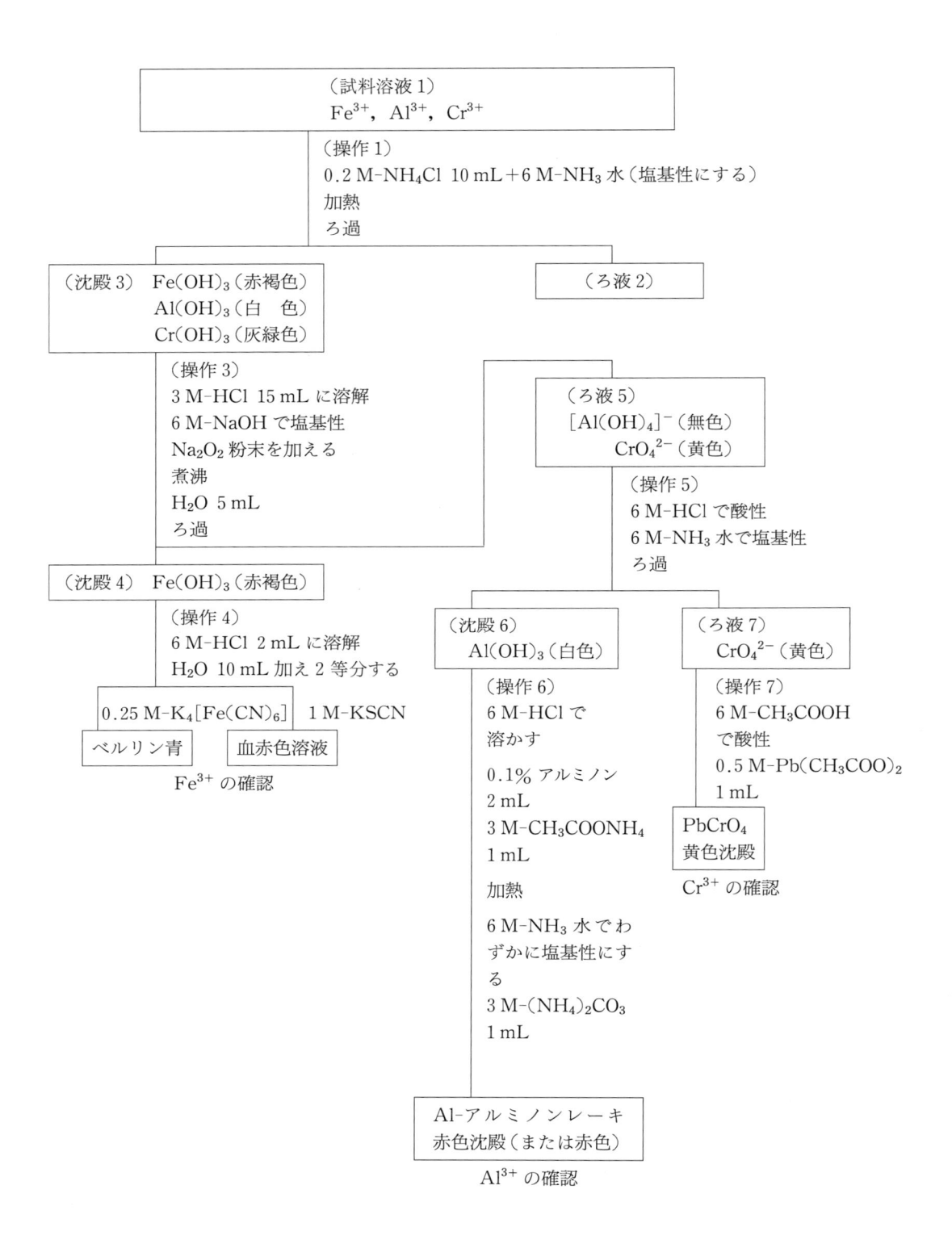

（試料溶液 1）
Fe^{3+}，Al^{3+}，Cr^{3+}

（操作 1）
$0.2\,M-NH_4Cl$ $10\,mL+6\,M-NH_3$ 水（塩基性にする）
加熱
ろ過

（沈殿 3）　$Fe(OH)_3$（赤褐色）
　　　　　$Al(OH)_3$（白　色）
　　　　　$Cr(OH)_3$（灰緑色）

（ろ液 2）

（操作 3）
$3\,M-HCl$ $15\,mL$ に溶解
$6\,M-NaOH$ で塩基性
Na_2O_2 粉末を加える
煮沸
H_2O $5\,mL$
ろ過

（ろ液 5）
$[Al(OH)_4]^-$（無色）
$CrO_4{}^{2-}$（黄色）

（操作 5）
$6\,M-HCl$ で酸性
$6\,M-NH_3$ 水で塩基性
ろ過

（沈殿 4）　$Fe(OH)_3$（赤褐色）

（操作 4）
$6\,M-HCl$ $2\,mL$ に溶解
H_2O $10\,mL$ 加え 2 等分する

$0.25\,M-K_4[Fe(CN)_6]$　　$1\,M-KSCN$

ベルリン青　　　血赤色溶液

Fe^{3+} の確認

（沈殿 6）
$Al(OH)_3$（白色）

（操作 6）
$6\,M-HCl$ で
溶かす

0.1% アルミノン
$2\,mL$
$3\,M-CH_3COONH_4$
$1\,mL$

加熱

$6\,M-NH_3$ 水でわ
ずかに塩基性にす
る
$3\,M-(NH_4)_2CO_3$
$1\,mL$

（ろ液 7）
$CrO_4{}^{2-}$（黄色）

（操作 7）
$6\,M-CH_3COOH$
で酸性
$0.5\,M-Pb(CH_3COO)_2$
$1\,mL$

$PbCrO_4$
黄色沈殿

Cr^{3+} の確認

Al-アルミノンレーキ
赤色沈殿（または赤色）

Al^{3+} の確認

る．これに水 5 mL を加えて [d) かきまぜ，沈殿をろ過する．沈殿は少量 (約 10 mL) の温湯で洗浄し**沈殿 4** とする．ろ液は**ろ液 5** とする．

(4) **沈殿 4**

　　沈殿 4 の少量をガラス棒でとり試験管に移す．6 M-HCl 2 mL で溶解した後，水 10 mL で薄め，二等分して次の実験を行う．

① 　0.25 M-K$_4$[Fe(CN)$_6$] 溶液を 1 滴加える．

② 　1 M-KSCN 溶液を 3 滴加える．

　　溶液中に Fe^{3+} が存在していれば，①では濃青色のベルリン青の沈殿または溶液 [e)] を生じる．②では溶液がチオシアン酸鉄の深赤色 [f)] を呈する．

(5) **ろ液 5**

　　ろ液 5 にかきまぜながら 6 M-HCl を加えて酸性 (青リトマス紙 → 赤色) にし，次に 6 M-NH$_3$ 水を少量加えてわずかに塩基性にする．Al^{3+} が存在すれば，白色ゼラチン状の Al(OH)$_3$ が沈殿 [g)] する．これをろ過し，沈殿は**沈殿 6**，ろ液は**ろ液 7** とする．

(6) **沈殿 6**

　　6 M-HCl 約 5 mL で溶解し，得られた溶液に，0.1 % アルミノン溶液 2 mL と 3 M-CH$_3$COONH$_4$ 1 mL を加えて加熱する．次に 6 M-NH$_3$ 水を滴下してわずかに塩基性 (赤リトマス紙 → 青色) とし，3 M-(NH$_4$)$_2$CO$_3$ 1 mL を加える．赤色の沈殿が生じれば Al^{3+} の存在を示す [h)]．

(7) **ろ液 7**

　　ろ液 7 に 6 M-CH$_3$COOH をかきまぜながら加えて酸性 (青リトマス紙 → 赤色) にし，これに 0.5 M-Pb(CH$_3$COO)$_2$ を 1 mL 加える．黄色い PbCrO$_4$ (クロム酸鉛 (II)) の沈殿が生じれば Cr^{3+} の存在を示す．

> **注意**　溶液を加熱するときにはビーカーを使用すること．試験管に溶液を入れてバーナーの直火で加熱すると，溶液の突沸や試験管が破裂することがあるので，試験管で直接加熱を行ってはいけない．

注)

a) 　Al(OH)$_3$ は大過剰の NH$_3$ 水には NH$_4$AlO$_2$ となって幾分溶解する．また，Cr(OH)$_3$ も過剰の NH$_3$ 水とクロムアンモニア錯塩 {[Cr(NH$_3$)$_5$H$_2$O]$^{3+}$ ペンタアンミンアクアクロム (III) イオン} を作って溶ける．それゆえに NH$_3$ 水は大過剰に加えないようにし，煮沸して過剰の NH$_3$ を追い出し完全に沈殿させる．また NH$_4$Cl を加えるのは，これらの電解質を共存させると Al(OH)$_3$ などのコロイド沈殿が凝析されて，粒子が大きくなるので，取り扱いやすくなる．

b) 　NaOH で塩基性にするときは，Fe^{3+} は水酸化物として沈殿する．

$$Fe^{3+} + 3\,OH^- \longrightarrow Fe(OH)_3$$

Al^{3+} もはじめ Al(OH)$_3$ を沈殿するが，過剰の NaOH にアルミン酸ナトリウムを作って溶ける．

$$Al^{3+} + 3\,OH^- \longrightarrow Al(OH)_3$$

$$Al(OH)_3 + NaOH \longrightarrow NaAlO_2 + 2\,H_2O \ (\text{または，} Na[Al(OH)_4])$$

Cr^{3+} も同様にはじめ生じた $Cr(OH)_3$ は亜クロム酸塩を作って溶ける.

$$Cr(OH)_3 + NaOH \longrightarrow NaCrO_2 + 2\,H_2O$$

c) Na_2O_2 は水と反応して H_2O_2 と $NaOH$ となり,生成した H_2O_2 が酸化剤として働く.

    注意 Na_2O_2 粉末は熱溶液ではげしく反応するので,冷溶液で加える.また,有機物質を冒し,少量の水分があると,自然発火する危険があるため,取り扱いには十分注意すること.

d) 濃アルカリはろ紙を溶かすので水で薄める必要がある.

e) $4\,FeCl_3 + 3\,K_4[Fe(CN)_6] \longrightarrow Fe_4[Fe(CN)_6]_3 + 12\,KCl$

                                          深青色 (ベルリン青)

    これは量が多いときは静置すれば沈殿する.

f) $2\,FeCl_3 + 6\,KSCN \longrightarrow Fe[Fe(SCN)_6] + 6\,KCl$

                          深赤色

    いずれも鋭敏な反応であるから,もし着色が極めて淡いときは不純物として混入した鉄とも考えられる.このようなときは,原試料に直接,$K_4[Fe(CN)_6]$ を加えて Fe^{3+} の存在を確める.

g) 酸性にすれば $[Al(OH)_4]^- \longrightarrow Al^{3+}$ となり $CrO_4{}^{2-}$ はそのままで変化を受けない.ただし,酸性では $CrO_4{}^{2-}$ (黄) $\longrightarrow Cr_2O_7{}^{2-}$ (橙赤色) となる.したがって,これを再び NH_3 水で塩基性にすれば $Al(OH)_3$ を沈殿し $CrO_4{}^{2-}$ は,そのまま溶液中にイオンとして存在する.

h) 白色沈殿は $Al(OH)_3$ であるが,なお確認するためにアルミノン (アウリン・トリカルボン酸トリアンモニウム塩) の呈色反応を試みる.アルミノンの赤色レーキは Al^{3+} に特有とはいえないが,ほかの金属レーキの多く (Fe^{3+}, Cr^{3+}, Mn^{2+}, Co^{2+} など) は $(NH_4)_2CO_3$ によって分解するのでほとんど妨害にはならない.

                         アルミノン

i) クロム酸鉛 (II)($PbCrO_4$) は塩基性では沈殿しない.しかし,強酸には溶解するから,酢酸で弱酸性にする.このとき,液の色が黄色から橙赤色に変わるのは $CrO_4{}^{2-}$ が酸性では $Cr_2O_7{}^{2-}$ (二クロム酸イオン) に変わるからである.$PbCrO_4$ の黄色沈殿が認め難いときはろ過して水で洗うと確認できる.$CrO_4{}^{2-} + Pb^{2+} \longrightarrow PbCrO_4$

[結果のまとめ方]

    各実験操作を行った場合の溶液の色の変化や気泡の有無について記入し,沈殿生成が起こった物に対しては,沈殿の色・様子について詳細に記せ.

[考察事項]

(1) 次の実験操作で起こったそれぞれの変化について，イオン反応式，または化学反応式で示せ．

   1. 操作 1 で沈殿が生じた反応．

   2. 操作 3 で HCl を加えて起こった反応．

   3. 操作 3 で過酸化ナトリウムを加えて発泡した反応．

   4. 操作 4 でチオシアン酸カリウム溶液，ヘキサシアノ鉄 (II) 酸カリウム溶液をそれぞれ加えて起こった反応．

   5. 操作 6 でアルミノン溶液を加えて起こった反応．

   6. 操作 7 で酢酸鉛水溶液を加えて起こった反応．

(2) Fe^{3+}, Al^{3+}, Cr^{3+} の混合溶液中に Ag^+ が混ざっていた場合，どのような処理をして Ag^+ を取り除けばよいか．

[発展考察課題]

(1) 操作 1 で NH_4Cl 溶液と NH_3 水溶液の混合物は，同じ濃度の NH_3 水溶液に比べて pH は塩基性から中性に近づく．これはなぜか．

(2) 操作 3 で NaOH 水溶液を加えると，強いアンモニア臭がするはずである．これはなぜか．

(3) 溶解度積について説明せよ．また，溶解度積の値が大きいと沈殿は生成しやすいか．あるいはしにくいか．

(4) 今回の実験における沈殿の生成について次の 2 つの点から議論せよ．(a) 共存イオンの影響，(b) 溶液の pH の影響．

(5) 過酸化ナトリウムを加える理由について説明せよ．また，同じ役割をして，これに代わる他の物質としてどのようなものが挙げられるか．また，過酸化ナトリウムを加える前に NaOH を過剰に加える理由を説明せよ．

(6) コロイド溶液およびコロイド粒子について説明せよ．

(7) Fe^{3+}, Al^{3+}, Cr^{3+} の混合溶液中に Cu^{2+} が混ざっていた場合，どのような処理をして Cu^{2+} を取り除けばよいか．

(8) その他独自の考察について述べよ．

[参　　考]

陽イオンの反応

(1) アンモニア (NH_4Cl の存在下) で水酸化物を沈殿する．

    Fe^{3+} : $Fe^{3+} + 3\,OH^- \longrightarrow Fe(OH)_3$ (褐色ゼラチン状沈殿)

    Al^{3+} : $Al^{3+} + 3\,OH^- \longrightarrow Al(OH)_3$ (白色ゼラチン状沈殿)

    Cr^{3+} : $Cr^{3+} + 3\,OH^- \longrightarrow Cr(OH)_3$ (灰緑色ゼラチン状沈殿)

    $Cr(OH)_3$ は過剰のアンモニアにより錯塩を作って多少溶解し，淡紫色または淡紅色の溶液となる．この溶液を煮沸してアンモニアを追い出せば，再び $Cr(OH)_3$ となり沈殿する．

(2) 水酸化物の酸による溶解

　　実験中に沈殿する金属水酸化物は塩基であるので酸と反応させることで溶解することができる.

$$Fe(OH)_3 + 3\,H^+ \longrightarrow Fe^{3+} + 3\,H_2O$$

$$Al(OH)_3 + 3\,H^+ \longrightarrow Al^{3+} + 3\,H_2O$$

$$Cr(OH)_3 + 3\,H^+ \longrightarrow Cr^{3+} + 3\,H_2O$$

　　実験では H^+ の供給源として塩酸 (HCl) を使用している.

(3) NaOH または KOH

　　$Fe^{3+}:Fe^{3+} + 3\,OH^- \longrightarrow Fe(OH)_3$ (褐色)

　　$Al^{3+}:$ はじめアンモニアと同様に $Al(OH)_3$ を沈殿するが, 過剰の試薬に溶けてアルミン酸ナトリウムを生じて溶ける.

$$Al^{3+} + 3\,OH^- \longrightarrow Al(OH)_3$$

$$Al(OH)_3 + OH^- \longrightarrow [Al(OH)_4]^-$$

　　これに酸を加えると再び $Al(OH)_3$ となり沈殿するが, 過剰の酸を加えると再び溶ける.

$$[Al(OH)_4]^- + H^+ \longrightarrow Al(OH)_3 + H_2O$$

$$Al(OH)_3 + 3\,H^+ \longrightarrow Al^{3+} + 3\,H_2O$$

(4) 炭酸ナトリウム

　　$Fe^{3+}:Fe^{3+} + CO_3{}^{2-} + OH^- \longrightarrow Fe(OH)CO_3$ (褐色)

煮沸すると

$$Fe(OH)CO_3 + H_2O \longrightarrow Fe(OH)_3 + CO_2$$

　　$Al^{3+}:Al^{3+} + CO_3{}^{2-} + OH^- \longrightarrow Al(OH)CO_3$ (白色)

加水分解により水酸化物として沈殿する.

$$Al(OH)CO_3 + H_2O \longrightarrow Al(OH)_3 + CO_2$$

　　$Cr^{3+}:Cr^{3+} + CO_3{}^{2-} + OH^- \longrightarrow Cr(OH)CO_3$

$$Cr(OH)CO_3 + H_2O \longrightarrow Cr(OH)_3 + CO_2$$

(5) 硫化アンモニウム $(NH_4)_2S$

　　$Fe^{3+}:2\,Fe^{3+} + 3\,S^{2-} \longrightarrow Fe_2S_3$ (黒色)

この硫化物は酸性溶液からは沈殿しない.

Cr^{3+} と Al^{3+} は S^{2-} と水と反応して, それぞれの水酸化物 $Al(OH)_3, Cr(OH)_3$ を沈殿する.

$$2\,Al^{3+} + 3\,S^{2-} + 6\,H_2O \longrightarrow 2\,Al(OH)_3 + 3\,H_2S$$

$$2\,Cr^{3+} + 3\,S^{2-} + 6\,H_2O \longrightarrow 2\,Cr(OH)_3 + 3\,H_2S$$

(6) リン酸塩

$$Fe^{3+} : Fe^{3+} + PO_4^{3-} \longrightarrow FePO_4 \ (淡黄色)$$
$$Al^{3+} : Al^{3+} + PO_4^{3-} \longrightarrow AlPO_4 \ (白色)$$
$$Cr^{3+} : Cr^{3+} + PO_4^{3-} \longrightarrow CrPO_4 \ (緑色)$$

これらの塩は無機酸には可溶であるが酢酸には難溶である.

沈　殿

陽イオンと陰イオンが水溶液中で共存する限度を越えると,両イオンは結合し,その生成物の溶解度が極めて小さい場合,沈殿[注]という現象が起こる.これは水溶液が中性または塩基性のときに比較的起こりやすい.この現象は物質の分離,確認反応などで最も多く利用されているので,その原理や条件を知っておくことは実験操作の必然性を理解するのに役立つであろう.

注) 沈殿は主として溶解度の極めて小さい物質が液相から析出し沈降する現象である.溶解度の大きい物質がその飽和溶液から析出する場合は晶出であり区別している.沈殿には結晶状,無定形状,コロイド状,綿状などいろいろの形態のものがある.粒子の小さいものや密度の小さいものは沈降し難く,液相が濁って見える場合もあるが,これも沈殿の現象である.

(1)　沈殿の生成

沈殿が生成するためには,溶液内でその物質について過飽和の状態を作る必要がある.過飽和の状態は極めて不安定であるから,過飽和の分だけその物質は析出することになる.しかし,過飽和の状態から沈殿が生じるためには,まずはじめに沈殿の結晶核の発生が必要である.一般に,結晶核の生じる速さは,溶液の濃度が高く,沈殿しようとする結晶の溶解度が小さいほど大きくなる.したがって,定性分析では,一般に濃い溶液から沈殿を得ている.物質によっては,濃い溶液でも,過飽和の状態が続いて結晶核の発生が極めて遅い場合がある.この場合には,液を激しくかきまぜたり,ガラス棒で器壁をこすって結晶核を作りやすくする.

(2)　溶解度と溶解度積

溶液内で沈殿が生じた場合,その溶液は沈殿物質についての飽和溶液となっているが,これらが平衡状態にある場合は,溶解度積の理論が適用できる.たとえば,塩化銀 ($AgCl$) の沈殿ができた溶液では,次のような平衡が成り立つ.

$$AgCl \ (固体) \rightleftharpoons AgCl \ (溶液) \rightleftharpoons Ag^+ + Cl^- \tag{1}$$

$AgCl$ のように極めて難溶性の物質では溶解している $AgCl$ は全部イオンに解離していると考えられるので,$AgCl$ (固体) と両イオンの平衡と考えることができ,(1) 式は

$$AgCl \ (固) \rightleftharpoons Ag^+ + Cl^- \tag{2}$$

となる.この平衡での溶解度積は

$$[Ag^+][Cl^-] = K_s \tag{3}$$

で示される．ここで質量作用の法則を適用するとき，実効的なイオンの濃度として活量を使用する．いま活量を α，濃度を C とすれば，

$$\alpha = fC \tag{4}$$

なる関係にある．f は活量係数という．(4) 式の関係を (3) 式に代入すれば

$$[\alpha_{\mathrm{Ag}^+}][\alpha_{\mathrm{Cl}^-}] = [\mathrm{Ag}^+]f_{\mathrm{Ag}^+} \cdot [\mathrm{Cl}^-]f_{\mathrm{Cl}^-} = K_{\mathrm{s}} \tag{5}$$

となり，これを書き替えれば

$$[\mathrm{Ag}^+][\mathrm{Cl}^-] = \frac{K_{\mathrm{s}}}{f_{\mathrm{Ag}^+}f_{\mathrm{Cl}^-}} \tag{6}$$

となる．右辺の活量係数の項が 1 であれば，(3) 式と同じになる．f の値は無限希釈の溶液では 1 になる．すなわち，極めて薄い溶液のときは，1 に近づきこの場合には，濃度と活量は同一のものとみることができる．一般に濃度が大きくなれば f の値は小さくなる関係にある．

(a) 共存イオンの影響

AgCl の場合，25 ℃ での溶解度積 K_{s} は $0.37 \times 10^{-10}\,\mathrm{mol}^2\,\mathrm{L}^{-2}$ であるが，これは Ag^+ と Cl^- との濃度の積が $0.37 \times 10^{-10}\,\mathrm{mol}^2\,\mathrm{L}^{-2}$ より大きくならなければ AgCl の沈殿は生じないことを意味する．したがって，(6) 式の活量係数の項が一定であれば，Cl^- の濃度を大きくすると，Ag^+ と Cl^- の溶解度積 $0.37 \times 10^{-10}\,\mathrm{mol}^2\,\mathrm{L}^{-2}$ を保つためには，Ag^+ の濃度を小さくする必要があり，(2) 式の平衡は左辺へずれて AgCl の沈殿が生じる．これは沈殿剤を過剰に加えれば共通イオン (AgCl の場合 Cl^-) の影響により Ag^+ は，ほとんど完全に沈殿する．この関係を図 2.1.1 の A に示す．

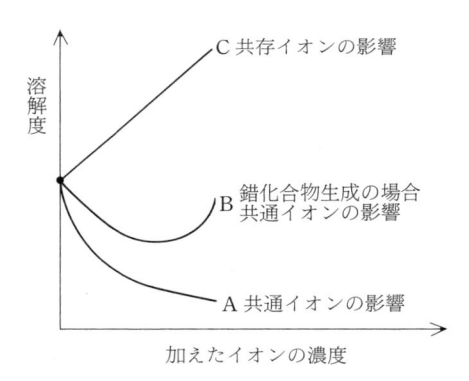

図 2.1.1　難溶性物質の溶解度と試薬濃度との関係

AgCl が $\mathrm{AgCl} + 2\,\mathrm{Cl}^- \rightleftharpoons \mathrm{AgCl_3}^{2-}$ のような反応で錯化合物を作って溶ける場合には，$\mathrm{AgCl_3}^{2-}$ 錯化合物の全安定度定数が関係してくるので，共通イオンの大過剰によって図 2.1.1 の B のような曲線を示す．したがって，錯化合物を作るような沈殿剤を使用する場合には注意する必要がある．また，(6) 式より明らかなように活量係数の項が小さくなれば，K_{s} を一定に保つために Ag^+ と Cl^- の両イオンの濃度は大きくなり，AgCl の沈殿の溶解度は大きくなる．活量係数は共通でない全てのイオン (AgCl の場合 Ag^+，Cl^- 以外のもの) でもその量が大きくなるにつ

れて小さくなるので，この影響は図 2.1.1 の C に示される.

以上のことから，加える沈殿剤の量あるいは共存するほかのイオンの量に適量のあることが理解されよう．実験の操作では検討された適量が指示されている.

(b) 温度の影響

溶液の温度が変化した場合，一般に物質の溶解度はかなり変化する．$AgCl$ と $BaSO_4$ の場合を表 2.1.4 に示す.

表 2.1.4 溶解度の温度による変化

温度/$^\circ$C	10	25	50	100
$AgCl/mg\,L^{-1}$	1.05	1.93	5.41	21.1
$BaSO_4/mg\,L^{-1}$	2.2	2.8	3.36	3.9

この影響は沈殿剤を小過剰加えることによって温度の影響を考慮する必要がない程度に小さくできる．たとえば，$BaSO_4$ の場合には $BaCl_2$ または $(NH_4)_2SO_4$ の小過剰を加え，温溶液から沈殿をろ過することができる．しかし，表からもわかるように $AgCl$，そのほか表に示していないが，$PbCl_2$, $PbSO_4$ などの沈殿は温溶液での溶解度は相当大きくなるので冷溶液からろ過し，冷水で洗浄しなければならない.

一方，温溶液では，その溶液の粘度が冷溶液の場合よりも小さいので，ろ過操作を早めることができる利点がある．$Fe(OH)_3$ など水酸化物の沈殿ではこの効果が大きい.

(c) 溶媒の効果

一般にイオン結合性の無機塩類は，有機溶媒 (たとえばエチルアルコール，アセトンなど) または有機溶媒と水がよく溶け合った混合溶液に対する溶解度が水よりも小さい．それゆえ，有機溶媒の添加によって溶解度を減少させることができる．たとえばクロム酸ストロンチウム $SrCrO_4$ は水にかなりよく溶けるが，アルコールと水の混合溶液からは定量的に沈殿させることができる.

(d) 溶液の pH の影響

pH は水溶液中の沈殿の溶解度を左右する重要な因子の 1 つである．沈殿が強酸との塩であれば，強酸にも塩類溶液にも同じ程度溶ける．たとえば，$AgCl$ は $0.01\,mol\,L^{-1}$ HCl にも $0.01\,mol\,L^{-1}$ NaCl にも同じ程度溶ける．しかし沈殿が弱酸の塩類の場合には，その陰イオンが弱酸を作って，平衡状態を生じるので，沈殿はその弱酸の平衡と新たに平衡状態を生じる．弱酸の平衡は水素イオン濃度に影響を受けるから，沈殿の平衡も影響を受けることになる．一般に弱酸の塩の沈殿は，強酸にかなりよく溶ける．たとえば，クロム酸銀，酢酸銀，炭酸カルシウムやシュウ酸カルシウムなどのような弱酸の塩類は，水に難溶性であるが強酸のうすい溶液にはよく溶ける.

例 シュウ酸カルシウム沈殿の場合

$$CaC_2O_4\,(固) \rightleftharpoons Ca^{2+} + C_2O_4^{2-} \tag{7}$$

$$\left.\begin{array}{l} C_2O_4^{2-} + H^+ \rightleftharpoons HC_2O_4^- \\ HC_2O_4^- + H^+ \rightleftharpoons H_2C_2O_4 \end{array}\right\} \tag{8}$$

の2つの平衡が成り立つ．(8) 式は $H_2C_2O_4$ の解離平衡として取り扱ってよいから，この溶液に塩酸を加えた場合，(8) 式の平衡は解離定数を保つために右辺へずれる．(8) 式で不足した $C_2O_4{}^{2-}$ は (7) 式の平衡で供給されるので (7) 式の平衡は溶解度積を保つために右辺へずれる．その結果として CaC_2O_4 の溶解度は大きくなる．

(3)　沈殿の不純化

　目的とする沈殿とともにほかの沈殿やイオンが伴うと純粋な沈殿が得られない．沈殿の不純化には次のような原因が考えられる．

(a)　目的成分を沈殿させるときに共存する他成分も溶解度をこえて沈殿してくる (同時沈殿).

(b)　目的成分を沈殿させる条件では，溶けている他成分が不純物として，あるいは母液の一部が沈殿中に混入する (共沈殿).

(c)　目的成分の沈殿の生成が終わったとき，その沈殿の表面に他成分が誘発的に沈殿する (後期沈殿). この現象は広い意味での共沈殿に含まれる．

　以上の現象が起こらないようにするために，一般に次のような操作を行う．

1)　溶液の濃度と沈殿剤の濃度を許す限り薄めて使用して過飽和度を低く保ち，沈殿粒子を大きくする．うすい溶液でも沈殿剤を加えると，加えた部分の濃度が一時的に高くなるので，沈殿粒子は小さく無定形になり不純物を吸着し易い．これを防ぐために，沈殿剤を加えても直ちに沈殿しない条件にしておき，沈殿剤を徐々に，しかも均一に反応させる均一沈殿法がある．

2)　沈殿を作る前に不純物を除いておくか，錯化合物などほかの形に変えておき，沈殿に混入しないようにする．

3)　沈殿生成後，母液とともにある温度で静置すると，沈殿の結晶の完成化が促進され，不純物の分離がより完全になるとともにろ過し易くなる (これを沈殿の熟成という). $90 \sim 95\,{}^\circ C$ くらいの液温で適当な時間温浸すると熟成はよく進められる．

4)　再沈殿を行う．これは沈殿をろ別後，溶解してから再び沈殿を作れば，不純物量が少ない条件で得られる．

5)　沈殿の洗浄をする．共通イオン効果を利用し，再び溶解しない条件で洗浄を行う．

第2章　化学的酸素要求量 (COD) の測定

[概　　説]

　私たち人間を含め，地球上に生息する生物は水がなくては生存できない．水をめぐる環境の変化は自然の営みの中でも大きな意味をもつ．自然界には不純物の全くない純水は存在しない．生物の栄養源として，無機塩類や有機物がバランスよく溶けていることが必要だからである．しかし，家庭や産業用の雑排水が河川に過剰に流れ込み，たとえば，有機物が多すぎるとこれを栄養源にする微生物が増えすぎて，水中の酸素を大量に消費して酸素が欠乏する．その結果，有機物は完全に分解されず，メタンや硫化水素が発生して臭気が漂いはじめ，魚や水棲生物が生きていけなくなる．

　われわれの身近な水環境の汚れを示す指標には，物理的指標 (濁度，透明度，温度など) や化学的指標 (pH, DO：溶存酸素，BOD：生物化学的酸素要求量，COD：化学的酸素要求量など)，生物学的指標 (大腸菌群，一般細菌群，水棲生物群) および感覚的指標 (臭い，味など) がある．本実験では，湖沼や海域の水の中に含まれる有機物に関して化学的指標である COD：**化学的酸素要求量**を求め，水質の環境基準に関する評価方法の 1 つを学習する．

[原　　理]

　COD (Chemical Oxygen Demand：**化学的酸素要求量**) は，水試料中に含まれる有機物を酸化剤 (本実験では，$KMnO_4$ を用いる) で酸化し，そのとき消費される酸化剤に対応する酸素の量を $mg\,L^{-1}$ (ppm：parts per million，百万分率で示されることも多い) で表したものである．COD 値が大きいほど，水中の有機物の汚濁が多いことを示している．本書では，表 2.2.1 に湖沼における COD 環境基準を示す．

　COD 測定は，使用する酸化剤の種類や濃度，反応温度，反応時間などによって主に 3 つの方法に大別される (表 2.2.2)．本法では，酸性過マンガン酸法を用いて COD の測定を行う．

　この方法は，酸化剤 (oxidant) の過マンガン酸カリウム ($KMnO_4$) と還元剤 (reductant) のシュウ酸ナトリウム ($Na_2C_2O_4$) との酸化還元反応を応用した実用的にも重要な分析法である．分析の手段としては，酸化還元滴定 (oxidation-reduction titration, redox titration) という電子の授受反応を利用した方法である．

表 2.2.1　湖沼における COD 環境基準

項目類型	COD [$mg\,L^{-1}$]	利用目的の適応性	備　考
AA	1 以下	水道 1 級	ろ過等による簡易な浄水操作を行うもの
		水産 1 級	ヒメマス等貧栄養湖型の水域の水産生物用並びに水産 2 級及び水産 3 級の水産生物用
		自然環境保全及び A 以下の欄に掲げるもの	自然探勝等の環境保全
A	3 以下	水道 2,3 級	沈殿ろ過等による通常の浄水操作，又は，前処理等を伴う高度の浄水操作を行うもの
		水産 2 級	サケ科魚類及びアユ等貧栄養湖型の水域の水産生物用及び水産 3 級の水産生物用
		水浴及び B 以下の欄に掲げるもの	
B	5 以下	水産 3 級	コイ，フナ等富栄養湖型の水域の水産生物用
		工業用水 1 級	沈殿等による通常の浄水操作を行うもの
		農業用水及び C 以下の欄に掲げるもの	
C	8 以下	工業用水 2 級	薬品注入等による高度の浄水操作，又は，特殊な浄水操作を行うもの
		環境保全	国民の日常生活 (沿岸の遊歩等を含む.) において不快感を生じない限度

出典：環境省　水質汚濁に係わる環境基準について　別表 2　生活環境の保全に関する環境基準 (湖沼) より一部抜粋

表 2.2.2　各種 COD の測定条件

COD の種類	使用する酸化剤	反応温度	反応時間	液性	分析方法の特徴
二クロム酸法	$K_2Cr_2O_7$	沸騰還流状態	2 時間	強酸性	最も酸化力が強い測定方法. ほとんどの有機化合物が酸化される. 水中の全有機体炭素量の測定に用いられる.
アルカリ性過マンガン酸法	$KMnO_4$	沸騰水浴中	1 時間	強塩基性	酸化力はそれほどでもないが，無機還元物質や塩化物イオンの影響を受けない. 海水など塩分を多く含む試料の測定に用いられる.
酸性過マンガン酸法	$KMnO_4$	沸騰水浴中	30 分	強酸性	適度な酸化力を持ち，最も一般に用いられる COD. 塩分が多い場合には Ag^+ を用いて処理しなくては定量値が正にずれる. 短時間で容易に測定できる.

反応の原理

(1) 過マンガン酸イオンによる試料の酸化反応

過マンガン酸カリウムは 1849 年 Margueritte によって滴定試薬として導入され，強い酸化剤で他の物質を酸化する性質をもつ．酸性溶液中での反応は (1) 式となる．

$$\mathrm{MnO_4^-} + 8\,\mathrm{H^+} + 5\,\mathrm{e^-} \longrightarrow \mathrm{Mn^{2+}} + 4\,\mathrm{H_2O} \tag{1}$$

(1) 式で過マンガン酸イオン ($\mathrm{MnO_4^-}$) が外部から電子を取り込むためで，共存する他の物質を酸化する．特に有機物は酸化されやすく，自然界では周囲の酸素と反応する．過マンガン酸との反応は高温 (沸騰水中) 酸性中で進行し，水試料中に含まれる有機物は酸化され，$\mathrm{MnO_4^-}$ イオンの物質量が減少する．生成した $\mathrm{Mn^{2+}}$ は再度 $\mathrm{MnO_4^-}$ と反応し，$\mathrm{MnO_2}$ となる．

$$3\,\mathrm{Mn^{2+}} + 2\,\mathrm{MnO_4^-} + 2\,\mathrm{H_2O} \longrightarrow 5\,\mathrm{MnO_2} + 4\,\mathrm{H^+} \tag{2}$$

(2) 滴定反応-1 (残留過マンガン酸の分解)

過マンガン酸カリウムとシュウ酸ナトリウムとは，過不足なく $10\,\mathrm{e^-}$ の電子の授受が行われる．

$$2\,\mathrm{MnO_4^-} + 5\,\mathrm{C_2O_4^{2-}} + 16\,\mathrm{H^+} \longrightarrow 2\,\mathrm{Mn^{2+}} + 10\,\mathrm{CO_2} + 8\,\mathrm{H_2O} \tag{3}$$

また，(2) 式で生じた $\mathrm{MnO_2}$ も最終的には $\mathrm{Mn^{2+}}$ に変わる．

$$\mathrm{MnO_2} + \mathrm{C_2O_4^{2-}} + 4\,\mathrm{H^+} \longrightarrow \mathrm{Mn^{2+}} + 2\,\mathrm{CO_2} + 2\,\mathrm{H_2O} \tag{4}$$

既知の物質量の $\mathrm{KMnO_4}$ を試料中に過剰に加え，試料中の有機物の酸化分解を行う．その後最初に入れた $\mathrm{KMnO_4}$ の物質量とちょうど反応する物質量の $\mathrm{Na_2C_2O_4}$ を加える．

この操作により，溶液中で有機物と反応せず残った過マンガン酸イオンがすべて分解される．$\mathrm{MnO_4^-}$ とそれから生じた $\mathrm{Mn^{2+}}$ の間で (2) 式の反応が起こっても，最終的には還元剤によってすべて $\mathrm{Mn^{2+}}$ になる．このことから，酸化還元滴定の量的な関係を導くためには，途中で $\mathrm{MnO_2}$ を経由する反応は考えずに，初期状態の $\mathrm{MnO_4^-}$ から $\mathrm{Mn^{2+}}$ だけが生じると仮定することで，計算が単純化できる．

(3) 滴定反応-2 ($\mathrm{KMnO_4}$ による逆滴定)

$$5\,\mathrm{C_2O_4^{2-}} + 2\,\mathrm{MnO_4^-} + 16\,\mathrm{H^+} \longrightarrow 2\,\mathrm{Mn^{2+}} + 10\,\mathrm{CO_2} + 8\,\mathrm{H_2O}$$

溶液中には $\mathrm{KMnO_4}$ と反応せず残った $\mathrm{C_2O_4^{2-}}$ が存在している．これを $\mathrm{KMnO_4}$ で逆滴定する．

この量的関係を模式的にまとめたものが図 2.2.1 である．

図 2.2.1 より試料中の有機物と反応した $\mathrm{KMnO_4}$ の物質量と逆滴定時の $\mathrm{KMnO_4}$ 物質量は等しくなるので，逆滴定時に使用した $\mathrm{KMnO_4}$ に相当する酸素 ($\mathrm{O_2}$) の質量濃度 ($\mathrm{mg\,L^{-1}}$) が COD の値となる．

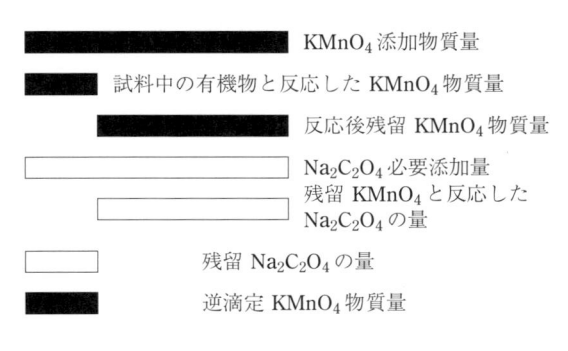

	$\mathrm{KMnO_4}$ 添加物質量
	試料中の有機物と反応した $\mathrm{KMnO_4}$ 物質量
	反応後残留 $\mathrm{KMnO_4}$ 物質量
	$\mathrm{Na_2C_2O_4}$ 必要添加量
	残留 $\mathrm{KMnO_4}$ と反応した $\mathrm{Na_2C_2O_4}$ の量
	残留 $\mathrm{Na_2C_2O_4}$ の量
	逆滴定 $\mathrm{KMnO_4}$ 物質量

図 2.2.1 COD 測定原理模式図

本実験では，池や川の水の COD を酸性過マンガン酸法で測定するために，上述の反応の原理をもとに次の 4 種類の操作を行う．滴定実験は**全て 2 回くり返し**，その平均値を用いて各濃度を決定する．

1. 過マンガン酸カリウム水溶液の正確な濃度の決定

過マンガン酸カリウムは標準試薬ではないので，目的とする濃度に調製した溶液を標定して正確な濃度を補正して用いる．この補正するための係数をファクター：f (factor) という．たとえば標定にはシュウ酸ナトリウムを用いるのが一般的である．

過マンガン酸カリウム水溶液の濃度はおよそ $5\,\mathrm{mmol\,L^{-1}}$ ($\mathrm{mmol\,L^{-1}}$ はミリモル濃度，$10^{-3}\,\mathrm{mol\,L^{-1}}$ を表す) になっているが，正確な濃度を決定するために，$12.50\,\mathrm{mmol\,L^{-1}}$ シュウ酸ナトリウム水溶液 (濃度は極めて正確) を使って，過マンガン酸カリウム水溶液の滴定実験を行い (この操作は "過マンガン酸カリウムのシュウ酸ナトリウムによる標定" と呼ばれる)，$5\,\mathrm{mmol\,L^{-1}}$ を基準として (目標にして) 調製した $KMnO_4$ 水溶液を $12.50\,\mathrm{mmol\,L^{-1}}$ のシュウ酸ナトリウム水溶液で標定した結果，調製した $KMnO_4$ 水溶液の濃度が，たとえば $5.060\,\mathrm{mmol\,L^{-1}}$ であったときのファクターは $f = \dfrac{\text{調製した溶液の濃度}}{\text{基準とする濃度}}$ を用いて次のようになる．

$$f = \frac{5.060\,\mathrm{mmol\,L^{-1}}}{5\,\mathrm{mmol\,L^{-1}}} = 1.012$$

この f の値が，本実験で用いた $5\,\mathrm{mmol\,L^{-1}}$ $KMnO_4$ の真の濃度への補正係数である．詳しくは p.39 の計算例を参照すること．

2. グルコース水溶液の COD 測定

有機化合物の一種であるグルコース (ブドウ糖) を使って既知濃度の有機物を含んでいる溶液の COD 測定を行う．使用する $180\,\mathrm{mg\,L^{-1}}$ グルコース水溶液は，COD の測定値が約 $100\,\mathrm{mg\,L^{-1}}$ になることがわかっているので，実験結果と比較して各自の行った実験の精度を確かめておこう．グルコース水溶液については，章末の部分に濃度と COD 値の関係が書かれているのでよく読んでおくこと．

3. 池や川の水 (実試料) の COD 測定

池や川の水による実試料溶液の COD 測定を行う．

4. ブランク溶液による COD 基準値の決定

有機化合物が入っていない純水を用いてブランク溶液の COD 測定を行う．ここでは，有機物のない状態での $KMnO_4$ の減少量を求め，COD の 0 点基準値を求める (実験操作 (22) 計算式中の b の値)．

[予習事項]

(1)　[概説] を参考にして，この実験の「目的」を記せ．

(2)　「実験方法」を箇条書き，またはフローチャートで示せ．

[実　　　験]

器具

洗ビン (500 mL：純水用，1000 mL：水道水用)，10 mL ホールピペット 3 本，200 mL 三角フラスコ 7 本，25 mL ビュレット，ビュレットスタンド，温度計 2 本，100 mL メスシリンダー，20 mL メスシリンダー，駒込ピペット 2 本，300 mL ビーカー 1 個 (5 mmol L^{-1} 過マンガン酸カリウム水溶液)，ガラス棒，安全ピペッター，廃液ビーカー，ホットハンド，湯煎器 (2 班で 1 台)

注)　ガラス器具は静かに扱い，使用するとき以外は，器具かごの中に入れておくこと．

試薬

30 % H$_2$SO$_4$ 水溶液，12.50 mmol L^{-1} シュウ酸ナトリウム水溶液，5 mmol L^{-1} 過マンガン酸カリウム水溶液，グルコース水溶液 (180 mg L^{-1} グルコース水溶液 (COD 測定値の予想は約 100 mg L^{-1}))，実試料 (実験室に用意してある池の水または各自で持参した池または川の水)

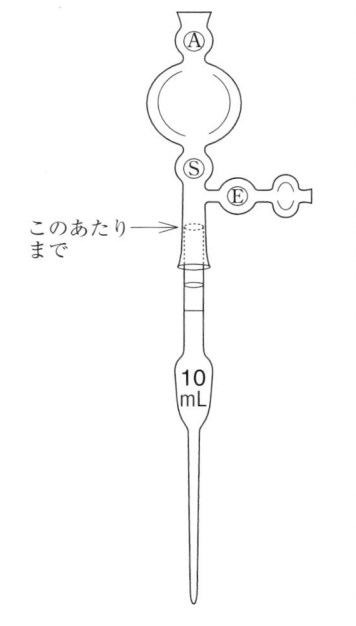

このあたり→
まで

注意1.　使用する試薬は試薬ビンに入れられ，プラスチック製の箱に入っている．試薬を扱う操作は極力この箱の中で行い，机上にこぼさないように注意すること．特に 30 % H$_2$SO$_4$ 水溶液は極めて濃い酸であり，皮膚に付着した場合，炎症を起こす恐れがある．薬品トレイから外には出さず，メスシリンダーに測り取る操作もトレイ上で行うこと．万一，皮膚に付いたときは，すみやかに洗うこと．

注意2.　この実験では，ホールピペットを使用して溶液を測り取る操作が多い．ガラス製のピペットは折れやすく，使用法と取り扱いには十分注意すること．**使用したままのホールピペットを逆さまにしてはいけない**．安全ピペッター内に溶液が混入してしまう．

　ホールピペットに安全ピペッターを装着するときは，必ずホールピペットの付け根を持ち，あまり力を入れずに，少しだけホールピペットを安全ピペッターに挿入する (第 1 編第 2 章 実験条件 2-6 (3) 安全ピペッターの使用法を参照)．使用後はすぐに安全ピペッターをはずしホールピペットを水洗 (廃液入れの中にピペットの先端を入れて行う) してピペット置きに置く習慣をつけること．

実験操作

これからの記述は公定法に準じた実験操作である.

全ての実験は 2 回 (1 回目, 2 回目) ずつ行い, 平均値を求めること.

過マンガン酸カリウム水溶液標定用溶液, COD 測定用試料水溶液 (グルコース水溶液, 実試料溶液, ブランク水溶液) 用の三角フラスコは, 各溶液 ×2 個を用意し, 1 回目と 2 回目の水溶液の調製を同時に行うこと.

(1) 湯煎器の電源を入れ, 100 ℃ に温度設定する. 湯煎器は高温になるので, やけどに注意!! 安全メガネを必ず着用してから実験操作を行うこと.

(2) $5\,mmol\,L^{-1}$ 過マンガン酸カリウム (KMnO$_4$) 水溶液は, 別のきれいに洗った 300 mL ビーカーに, 少量の溶液で共洗いをしてから半分程度まで入れる. 以下の操作では, このビーカーから溶液を取る.

〔過マンガン酸カリウム水溶液標定用溶液の調製〕

(3) $12.5\,mmol\,L^{-1}$ シュウ酸ナトリウム (Na$_2$C$_2$O$_4$) 水溶液 10 mL を, 試薬ビンから 10 mL ホールピペットで正確に測り取り, きれいに洗った 200 mL の三角フラスコに入れる. これに 100 mL メスシリンダーで純水を約 50 mL 加える. 次いで 30 % H$_2$SO$_4$ 水溶液 (硫酸) を, 駒込ピペットを用いて 20 mL メスシリンダーに約 10 mL 測り取り, この三角フラスコに加える.

〔COD 測定試料溶液の調製〕

グルコース水溶液

(4) グルコース (C$_6$H$_{12}$O$_6$) 水溶液 10 mL を, 試薬ビンから 10 mL ホールピペットで正確に測り取り, きれいに洗った 200 mL の三角フラスコに入れる. 次いで 100 mL メスシリンダーで純水を約 50 mL 加える.

(5) 30 % H$_2$SO$_4$ 水溶液を, 駒込ピペットを用いて 20 mL メスシリンダーに約 10 mL 測り取り, 試料溶液の入った三角フラスコに加える. 次に $5\,mmol\,L^{-1}$ KMnO$_4$ 水溶液 10 mL を, 300 mL ビーカーから正確に 10 mL ホールピペットで測り取って, さらに加える.

実試料　溶液 1

(6) 実験室に用意してある池の水または各自で持参した池または川の水 (実試料) 10 mL を, 正確に 10 mL ホールピペットで測り取り, きれいに洗った 200 mL の三角フラスコに入れる. これに 100 mL メスシリンダーで純水を約 50 mL 加える.

(7) (5) の操作を行う.

ブランク水溶液

(8) きれいに洗った $200\,\mathrm{mL}$ の三角フラスコに，$100\,\mathrm{mL}$ メスシリンダーで純水を約 $60\,\mathrm{mL}$ 入れる．

(9) (5) の操作を行う．

〔加熱操作〕

(10) 必ず軍手を着用し，湯煎器の温度を確認して，試料室のふたをピンセットを使ってずらすようにして開け，ふたは湯煎器上に並べておく．

(11) あらかじめ十分加熱してある湯煎器に，過マンガン酸カリウム水溶液標定用溶液 1 回目および 2 回目の三角フラスコを入れ，この三角フラスコの中に温度計を入れ水温を測りながら $60 \sim 80\,{}^{\circ}\mathrm{C}$ まで，加熱する (温度計は温度を測るだけでかき混ぜには使用しないこと)．

(12) COD 測定用に調製したグルコース水溶液，実試料溶液，およびブランク水溶液の 1 回目，2 回目のすべての三角フラスコを $100\,{}^{\circ}\mathrm{C}$ の湯煎器に入れ，タイマーで時間をセットして 30 分間加熱する (この加熱が終了したら操作を行う)．

> **注意**　30 分の待ち時間に次の (13) から (19) の操作を行うこと．ただし，この中で (15) から (19) は $5\,\mathrm{mmol\,L^{-1}}$ 過マンガン酸カリウム水溶液の標定用操作に当たり，滴定は直ちに行うが計算は時間があるときに行うこと．

〔滴定準備と色見本の作成〕

(13) ビュレット内に入っている純水を廃液ビンに捨て，$300\,\mathrm{mL}$ ビーカーに入っている $5\,\mathrm{mmol\,L^{-1}}$ $KMnO_4$ 水溶液を少量用いてビュレットを共洗いする．共洗い後は，ビュレットのゼロ目盛よりも上まで溶液を入れる．

(14) 空の $200\,\mathrm{mL}$ 三角フラスコ 1 個に，$60\,\mathrm{mL}$ 程度の純水を入れ，ビュレット中の $KMnO_4$ 水溶液を 2 滴三角フラスコ内に滴下し，色見本を作成する．この溶液は加熱せず，ビュレット台に並べて置き，滴定時の終点確認に利用する．ビュレットのコックを開いて液面をゼロ目盛に合わせておく．ビュレット台の背面には白い紙を置き滴定を行うと，色の変化がわかりやすい (p.17 参照)．

〔過マンガン酸カリウムのシュウ酸ナトリウムによる標定〕

(15) 操作 (11) の過マンガン酸カリウム水溶液標定用溶液 1 回目および 2 回目の温度計の目盛が $60\,{}^{\circ}\mathrm{C}$ 以上になっていることを確認して，必ず軍手を用いて 湯煎器から取り出す．

(16) 温度計に付いた水滴を少量の純水でフラスコ内に洗い落としながら三角フラスコから取り出す．

(17) 滴定開始時のビュレットの目盛を必ず記録した後，三角フラスコをビュレットの下に置き，

温度が下がらない内にビュレットから $KMnO_4$ 水溶液を数滴だけ滴下し，三角フラスコをその場で静かに回して中の溶液を混ぜあわせる．

(18) $KMnO_4$ 水溶液を加えると，最初は淡赤色が残るがしばらく静かに混ぜあわせていると透明になる．さらにビュレットから $KMnO_4$ 水溶液を滴下していく．滴下速度は毎秒数滴を目安にする．滴下しても透明にならずに，淡赤色がごくわずかでも残ったらただちに滴下を止める (終点が近い)．終点の直前では，静かに三角フラスコを回して溶液を混ぜ合わせながら，1 滴ずつ慎重にゆっくりと滴下し，できる限り薄い色で止めるようにする．三角フラスコ内の溶液の色と (14) の色見本をつねに比較し，色が一致して，脱色しなくなったところが終点となる．終点でのビュレットの目盛と滴定開始時のビュレットの目盛の差が滴定量となる．この値を記録する．

注意　滴定の終わった三角フラスコの中身は廃液ビーカーに移し，数回水道水の洗ビンでゆすぎ，ゆすぎ液も廃液ビーカーに回収してから，三角フラスコを流しに持って行き洗うこと．

---

(19) ビュレットに，$5\,\mathrm{mmol\,L^{-1}}$ $KMnO_4$ 水溶液を補充し，液面をゼロ目盛に正しく合わせておく．過マンガン酸カリウム水溶液標定用溶液 2 回目のフラスコについても，同様の滴定を行い，2 回の滴定量の値の平均をとる．この平均値を次式の平均滴定量 (V) として代入し，過マンガン酸カリウム水溶液の正確な濃度を計算しておく．

計算　$KMnO_4$ と $Na_2C_2O_4$ の反応式 (p.33，滴定反応-1，および滴定反応-2 参照) の係数より，

$$KMnO_4 の物質量：Na_2C_2O_4 の物質量 = 2：5$$
$$5 \times KMnO_4 の物質量 = 2 \times Na_2C_2O_4 の物質量$$

ここで各水溶液のモル濃度から各物質の物質量を求めるためには

$$モル濃度\,[\mathrm{mol\,L^{-1}}] \times 体積\,[\mathrm{L}] = 物質量\,[\mathrm{mol}]$$

という計算をする．滴定に使用した過マンガン酸カリウムおよびシュウ酸ナトリウムについてそれぞれモル数を求める計算を次式に示す．過マンガン酸カリウム水溶液の正確な濃度を $X\,[\mathrm{mmol\,L^{-1}}]$ として，

$$Na_2C_2O_4 の物質量 = \frac{(12.50\,\mathrm{mmol\,L^{-1}}) \times (10\,\mathrm{mL})}{1000\,\mathrm{mL\,L^{-1}}} = 0.1250\,\mathrm{mmol}$$

$$KMnO_4 の物質量 = \frac{(X\,\mathrm{mmol\,L^{-1}}) \times (平均滴定量\,V\,\mathrm{mL})}{1000\,\mathrm{mL\,L^{-1}}}$$

よって $\dfrac{5 \times X \times V}{1000} = 2 \times 0.1250$ となる．したがって，過マンガン酸カリウム水溶液の正確な濃度 X は，次式で与えられる．

$$X = \frac{2 \times 0.1250 \times 1000}{5 \times V}\,[\mathrm{mmol\,L^{-1}}]$$

ここで，通常，濃度の表示は，

$$濃度 = ○.○○ \, \mathrm{mol \, L^{-1}} \quad (f = ○.○○○)$$

のように f（ファクター）を用いて表示する．ここで f は次式のように定義される．

$$真の濃度（調製した溶液の濃度）= 表示濃度（基準とする濃度）\times f$$

本実験では表示濃度が $5 \, \mathrm{mmol \, L^{-1}}$ であるので，f は次式のように計算される．

$$f = \frac{X \, [\mathrm{mmol \, L^{-1}}]}{5 \, \mathrm{mmol \, L^{-1}}}$$

たとえば測定された $\mathrm{KMnO_4}$ の平均滴定値が $9.52 \, \mathrm{mL}$ であった場合，f は

$$X = \frac{2 \times 0.1250 \times 1000}{5 \times 9.52} \fallingdotseq 5.25 \, \mathrm{mmol \, L^{-1}}$$

$$f = \frac{5.25 \, \mathrm{mmol \, L^{-1}}}{5 \, \mathrm{mmol \, L^{-1}}}, \quad \boldsymbol{f = 1.05} \, と表される．$$

〔グルコース水溶液，実試料溶液およびブランク水溶液の COD 測定〕

(20) 湯煎器に入っている三角フラスコ（グルコース水溶液 1 回目，2 回目，実試料溶液 1 回目，2 回目，およびブランク水溶液 1 回目，2 回目）の 30 分間の加熱が終了したら，必ず軍手を着用して 湯煎器から取り出し，これらすべてに，$10 \, \mathrm{mL}$ ホールピペットを用いて，$12.5 \, \mathrm{mmol \, L^{-1}} \, \mathrm{Na_2C_2O_4} \, 10 \, \mathrm{mL}$ を測り取って加え，よくかき混ぜて脱色する．脱色後の溶液が入った三角フラスコは湯煎器に戻し，滴定までの間は温めておくこと．加熱後も茶色が溶液に残る場合には，駒込ピペットを用いて $30 \, \% \, \mathrm{H_2SO_4}$ 水溶液を $20 \, \mathrm{mL}$ メスシリンダーに約 $10 \, \mathrm{mL}$ 測り取り，三角フラスコに加えて，再度温める．

(21) ビュレットに，$5 \, \mathrm{mmol \, L^{-1}}$ 過マンガン酸カリウム水溶液を補充し，液面をゼロ目盛にピッタリ合わせておく．操作 (17)，(18) と同様にして，グルコース溶液 1 回目から順に滴定する．

(22) グルコース溶液，実試料溶液およびブランク溶液のすべてのフラスコについて，2 回とも同様の滴定を行い，グルコース溶液，実試料溶液およびブランク溶液について，滴定量の平均をとり，下の計算式を使用してグルコース溶液の COD を計算する．

計算 $\mathrm{COD} \, [\mathrm{mg \, L^{-1}}] = 0.2 \times (a - b) \times f \times 1000 \div 試料量 \, [\mathrm{mL}]$

$\quad 0.2 : 5 \, \mathrm{mmol \, L^{-1}} \, \mathrm{KMnO_4}$水溶液 $1 \, \mathrm{mL}$ の酸素相当量 $[\mathrm{mg}]$

$\quad a : $グルコース水溶液の平均滴定量 $[\mathrm{mL}]$

$\quad b : $ブランク水溶液の平均滴定量 $[\mathrm{mL}]$

$\quad f : \mathrm{KMnO_4}$水溶液のファクター

$\quad 1000 \div 試料量 \, [\mathrm{mL}] : $試料溶液 $1 \, \mathrm{L}$ あたりへの換算（今回の実験では試料量は $10 \, \mathrm{mL}$）

〈計算例〉

表 2.2.3 の結果を用いてグルコース水溶液の COD を計算すると

$$COD\,[mg\,L^{-1}] = 0.2 \times (5.12 - 0.15) \times 1.050 \times 1000 \div 10\,[mL] \fallingdotseq 104.4$$

と求めることができる.

[結果のまとめ方]

(1) 操作 (19) の計算部分に従って過マンガン酸水溶液の正確な濃度とファクター f を計算せよ.

(2) 表 2.2.3 と同様な表を作成して測定値を書き込み,操作 (22) の計算部分に従って,COD を計算せよ.

(3) 溶液の色など反応中の様子を経時変化的に記録せよ.

(4) 今回測定した実試料の COD 値は,環境基準に照らすとどの程度の汚染状態であるかを [**概説**] の表 2.2.1 を参考にして答えよ.なお,各自で持参した池や川の水を実試料とした場合は,採取場所,状況などの詳細を付記すること (例:実試料は,〇〇県〇〇市〇〇町 2-1-1 付近の〇〇川から採取した.この付近では,約 2 km 上流で下水が流れ込み,水草が密生していて,フナなどの小魚の生存がわずかに認められる.また採取前日の大雨のため,濁流となっていた).

表 2.2.3 COD 測定結果 (年 月 日 ( ),測定者)

溶液名	滴定量/mL	平均滴定量/mL	COD 計算値
ブランク水溶液 1 回目	0.13	0.15	—
ブランク水溶液 2 回目	0.17		
グルコース水溶液 1 回目	5.10	5.12	104
グルコース水溶液 2 回目	5.15		
実試料水溶液 1 回目	0.70	0.60	9.5
実試料水溶液 2 回目	0.50		

($f = 1.05$ ((19) の計算より))

[考察事項]

(1) [**概説**],[**原理**] を参考に,試料溶液に加えた $KMnO_4$ が関係する反応を,できるだけ操作の順序に従って反応式で示せ.

(2) この実験で使用した $180\,mg\,L^{-1}$ グルコース水溶液は,COD として約 $100\,mg\,L^{-1}$ に相当しているはずである.実験結果がこの値から大きくずれている場合は,その原因を考察せよ.

(3) 測定した実試料の COD の測定値および試料の観察結果から,試料の汚染原因を推定せよ.どのような原因が考えられるかを,環境科学関連の文献を参考にして,簡単に説明せよ (キーワードとしては,生活排水,工業廃水,富栄養化,地球温暖化,微生物の異常繁殖,藻類の自然発生,生態系などが挙げられる).

注意 COD の測定では試料の前処理方法によって COD の測定値が大きく異なる.特に試料を

ろ過するかどうかは COD の値に大きな影響を及ぼす．今回実験で使用した試料はろ過を行わずに実験に使用している．また，測定時の試料溶液の採取方法も COD の測定値に対して大きな影響を与える．メスシリンダーのように細長い円筒形の容器の場合，内部の溶液をかき混ぜにくい．このため，こうした容器から試料溶液を採取すると，溶液中の沈殿物はシリンダー底部に堆積して採取溶液中にはあまり入らない．一方，試薬ビンのような内部の溶液をかき混ぜやすい容器から試料溶液を採取すると，溶液中の沈殿物が一部採取溶液中に入ることになる．このように沈殿物の有無も COD の測定値に対して大きなずれを与えることとなる．こうしたことも考慮して考察すること．

[発展考察課題]

余力のある場合，次の項目に関してさらに深く考察せよ．

(1) COD とはどのような指標で，どのように利用されているか調べよ．

(2) 本実験では試料溶液の測定値がばらつきやすい．この原因について考えよ．

(3) 操作 (11) および (15) で過マンガン酸カリウムの濃度を測定する場合には 60 〜 80℃ で反応を行っているのに対して，操作 (12) COD 測定では沸騰水浴上で 30 分間反応させている．この違いの理由について考えよ．

(4) ブランク試験の滴定量の意味を考えよ．

(5) 池や川の水を浄化し，環境を回復するにはどのような方法があるか．環境科学関連の文献を参考にして説明せよ．

(6) その他，独自の考察．

参考資料

(1) 酸化還元反応式の作り方

主反応式として書かれている反応式の多くは酸化還元反応であるが，この反応の反応式の作り方は一般的な反応式の作り方と若干異なっている．ここではその作り方について詳述する．

酸化還元反応とは電子の移動を伴う反応であり，酸化とは“ある物質が電子を放出する現象”であり，還元とは“ある物質が電子を取り込む現象”である．また反応によって相手を還元する物質 (自分は酸化して電子を放出する物質) を還元剤，相手を酸化する物質 (自分は還元して電子を取り込む物質) を酸化剤といい，酸化還元反応とはこの酸化剤と還元剤の間の反応ということもできる．ここで，特定の物質について電子の出し入れだけに限定して書いたイオン反応式のことを半反応式という．この半反応式については各物質についてすでに詳細に研究がなされており，付録 3 (p.129) にまとめられている．この資料には標準酸化還元電位という数値が併記されているが，この値は各物質のもつ電子を移動させる能力の大きさを意味しており，マイナスの値が大きいほど，電子を放出する力が強く，プラスの値が大きいほど，電子を受けとる力が強いことを意味している．表の半反応式と標準酸化還元電位 (E) から過マンガン酸カリウム ($KMnO_4$) とシュウ酸ナトリウム ($Na_2C_2O_4$) の反応について以下に反応式の誘導方法を示す．シュウ酸ナトリウ

ムは，付録 3 の中にはないのでシュウ酸 ($H_2C_2O_4$) を使って誘導する．

半反応式

$$MnO_4^- + 8H^+ + 5e^- \longrightarrow Mn^{2+} + 4H_2O \qquad E = 1.51\,V \qquad (5)$$

（e^- は電子を意味する）

MnO_4^- は 1 イオンあたり 5 つの電子を取り込む

$$2CO_2 + 2H^+ + 2e^- \longrightarrow H_2C_2O_4 \qquad E = -0.49\,V \qquad (6)$$

ここでシュウ酸については反応する向きが逆向きなので流れる電流の向きも逆になり，標準酸化還元電位の符合も逆になるから

$$H_2C_2O_4 \longrightarrow 2CO_2 + 2H^+ + 2e^- \qquad E = 0.49\,V \qquad (7)$$

$H_2C_2O_4$ は 1 分子あたり 2 つの電子を放出する．

ここで一方が出した全ての電子をもう一方が受け取らなくてはならないから，(5) 式および (7) 式の反応式間で同数の電子が移動しなくてはならないので，反応式に係数を掛ける．((5) 式 ×2，(7) 式 ×5)

$$2MnO_4^- + 16H^+ + 10e^- \longrightarrow 2Mn^{2+} + 8H_2O \qquad E = 1.51\,V \qquad (8)$$

$$5H_2C_2O_4 \longrightarrow 10CO_2 + 10H^+ + 10e^- \qquad E = 0.49\,V \qquad (9)$$

注　係数がかかっても反応する物質は同じであるから，その反応にかかる標準酸化還元電位 (E) は変わらない．

(8) 式と (9) 式を足し，矢印の左右 (反応の前後) で共通する $10e^-$ と $10H^+$ を消去する．

$$2MnO_4^- + 6H^+ + 5H_2C_2O_4 \longrightarrow 2Mn^{2+} + 8H_2O + 10CO_2 \qquad E = 2.0\,V \qquad (10)$$

これが本反応のイオン反応式となる．2 つの半反応式の標準酸化還元電位を足した値は，その反応が実際に進行したときに電子の授受に伴って流れる電流にかかる電圧であり，これを起電力と呼ぶ．この起電力が正の場合には，その反応の進行に伴ってそれだけの電圧で電流が流れることになるから，作成した反応式の反応が進行することになる．逆に起電力が負の場合には，その反応を進行させるには外部からそれだけの電圧をかけなくては電流が流れないことを意味しており，作成した反応式の反応がそのままでは進行しないということがわかる．

(10) 式の反応式では起電力が $2.0\,V$ と計算されているので，実際にこの反応は容易に起こるということが示されている．

また，MnO_4^- は $KMnO_4$ から生成することを考慮すると (10) 式は次式のようになる．

$$2KMnO_4 + 6H^+ + 5H_2C_2O_4 \longrightarrow 2K^+ + 2Mn^{2+} + 8H_2O + 10CO_2 \qquad (11)$$

操作を見るとこの反応には酸として硫酸が加えられているから $6H^+$ を硫酸 (H_2SO_4) で供給しようとすると (11) 式は次式のようになる．

$$2\,KMnO_4 + 3\,H_2SO_4 + 5\,H_2C_2O_4 \longrightarrow 2\,K^+ + 2\,Mn^{2+} + 3\,SO_4{}^{2-} + 8\,H_2O + 10\,CO_2$$

$$2\,KMnO_4 + 3\,H_2SO_4 + 5\,H_2C_2O_4 \longrightarrow K_2SO_4 + 2\,MnSO_4 + 8\,H_2O + 10\,CO_2 \tag{12}$$

この (12) 式が本反応の反応式 (滴定反応-2 ($KMnO_4$ による逆滴定)) となる.

(2) COD への換算方法

① $KMnO_4$ 滴定量

$KMnO_4$ は溶液中で有機物を酸化する. このときの半反応式は,

$$MnO_4{}^- + 8\,H^+ + 5\,e^- \longrightarrow Mn^{2+} + 4\,H_2O$$

である. これに対応する酸素の半反応式は,

$$O_2 + 4\,H^+ + 4\,e^- \longrightarrow 2\,H_2O$$

である.

よって $5\,mmol\,L^{-1}$ $KMnO_4$ 水溶液 $1\,mL$ に相当する酸素の物質量は, $5 \times 10^{-6} \times 5/4\ [mol]$ であり, O_2 の分子量が 32 であることから, その質量は, $25 \times 32 \times 10^{-6}/4 = 0.2 \times 10^{-3}\ [g] = 0.2\ [mg]$ となる. これが, 過マンガン酸法で COD を計算するときの係数 0.2 の意味である.

② グルコース濃度

グルコースの酸化に必要な酸素の量は, グルコースの燃焼で使用される酸素の量と等しい.

これを反応式で表せば

$$C_6H_{12}O_6 + 6\,O_2 \longrightarrow 6\,CO_2 + 6\,H_2O$$

となる. この式の係数より,

$$C_6H_{12}O_6 : O_2 = 1 : 6$$

各物質の分子量 ($C_6H_{12}O_6$: 180, O_2 : 32) より, それぞれ質量に直すと

$$C_6H_{12}O_6 : O_2 = 180\,g : 32\,g \times 6\ (= 192\,g)$$

よってグルコース $180\,g$ を酸化するのに必要な酸素の質量は, $192\,g$ になる. したがって, $180\,mg\,L^{-1}$ のグルコース水溶液の COD (理論値) は $192\,mg\,L^{-1}$ となる. ここで, 高温酸性過マンガン酸法の測定条件 (沸騰水浴上, $30\,min$) 下では, 含まれるグルコースの約 50 % が酸化分解されることから, COD の測定値は $192 \times 0.5 = 96\ [mg\,L^{-1}]$, すなわち約 $100\,mg\,L^{-1}$ と予想される.

第3章　pHの測定と中和滴定

[概　　説]

　水溶液中の化学反応では，溶液の pH が反応に影響を及ぼす場合が多い (第 1 章イオン間の反応 (d)「溶液の pH の影響」参照)．また，生物にとっても体内やまわりの環境の pH は生命活動に大きく影響する．この章では中和滴定を行い，pH の定義や測定方法，指示薬の性質や中和反応について理解を深めることを目的とする．

(1)　水の解離と水素イオン指数 pH

　水溶液について酸性・塩基性 (アルカリ性) の程度を簡単な数値で示す方法として，次式で定義される**水素イオン指数 pH** (ピーエイチと読む．$[H^+]$ の power，すなわち，$[H^+]$ の累乗 (べき乗) の意味) が使用される．

$$pH = -\log [H^+] \tag{1}$$

水素イオン濃度 $[H^+]$ は厳密には水素イオン活量 α_{H^+} が用いられる．

　水は弱電解質で，わずかに解離し，H^+ イオンと OH^- イオンを生成し，平衡状態を保っている．

$$H_2O \rightleftharpoons H^+ + OH^-$$

$$[H^+][OH^-] = K_W = 1.0 \times 10^{-14} \, mol^2/L^2 \quad (25\,℃) \tag{2}$$

　ここで，K_W は水のイオン積を表し，温度が一定ならば一定の値を示す．

　(2) 式の関係を (1) 式のように表すと

$$pK_W = pH + pOH = 14$$

のように示される．

(2)　pH の測定

　溶液の pH を測定する方法としては，(1) pH 指示薬の変色を利用する比色法と (2) pH に対応して生じた電位差を pH メーターで測定する電気化学的方法がある．ここでは，主として pH メーターを使用して測定する．

(3)　ガラス電極 pH メーターの原理

　うすいガラス膜 (たとえば 0.1 mm) をもったガラス管の内部に $[\alpha_{H^+}]_1$，外側に $[\alpha_{H^+}]_2$ なる水素イオン活量をもった溶液が接触しているとき，次式で示される起電力 E_G を生じる．

$$E_G = \frac{RT}{F} \ln \frac{[\alpha_{H^+}]_2}{[\alpha_{H^+}]_1} + C \tag{3}$$

ここで R は気体定数，T は絶対温度，F はファラデー定数，C はガラス膜の性質によって定まる不斉電位である．

ガラス電極と甘汞電極を組み合わせ，図 2.3.1 のように液につけると，次のような電池を組み立てたことになる．

$$\overbrace{\mathrm{Hg} \mid \mathrm{Hg_2Cl_2}\,(固)\,\mathrm{KCl}[\alpha_{H^+}]_1}^{ガラス電極} \vdots 検液\,([\alpha_{H^+}]_2) \parallel \underbrace{\mathrm{KCl}\,(飽和) \mid \mathrm{Hg_2Cl_2}\,(固) \mid \mathrm{Hg}}_{比較電極\,(甘汞電極)}$$

このとき，両端に生じる起電力 E は

$$E = \overbrace{E_{\mathrm{ref}}}^{参照電極} - \overbrace{(E_G + E_{\mathrm{cal}})}^{ガラス電極}$$

で表される．ここで，E_{ref} は参照電極の電位であり，E_{cal} は甘汞電極の電位である．参照電極に甘汞電極を用いた場合，$E_{\mathrm{ref}} = E_{\mathrm{cal}}$ なので，$E = -E_G$ となる．つまり，

$$E = \frac{RT}{F} \ln \frac{[\alpha_{H^+}]_1}{[\alpha_{H^+}]_2} - C \tag{4}$$

で表される．この式の定数項にそれぞれ数値を代入し，水素イオン活量を pH の値に直すと，25 ℃ では

$$E = 0.0591\,(\mathrm{pH}_2 - \mathrm{pH}_1) - C \tag{5}$$

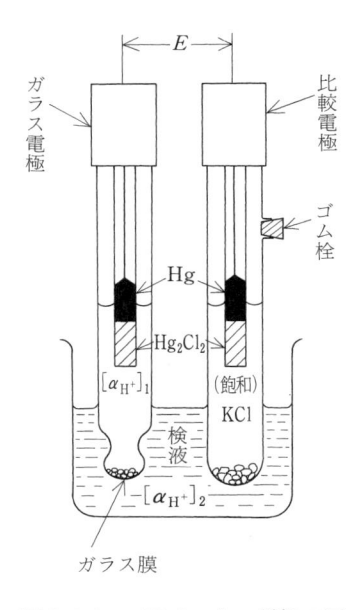

図 2.3.1 pH メーター電極の図

表 2.3.1 標準液の各温度における pH 値

温度/℃	pH 標準液			
	シュウ酸塩	フタル酸塩	中性リン酸塩	ホウ酸塩
0	1.67	4.01	6.98	9.46
5	1.67	4.01	6.95	9.39
10	1.67	4.00	6.92	9.33
15	1.67	4.00	6.90	9.27
20	1.68	4.00	6.88	9.22
25	1.68	4.01	6.86	9.18
30	1.69	4.01	6.85	9.14
35	1.69	4.02	6.84	9.10
40	1.70	4.03	6.84	9.07
45	1.70	4.04	6.83	9.04
50	1.71	4.06	6.83	9.01
55	1.72	4.08	6.84	8.99
60	1.73	4.10	6.84	8.96
70	1.74	4.12	6.85	8.93

となる．ここで pH_1 は電極の内部液の pH であり，固定されているので，そのときの温度と起電力を測れば，検液の pH (pH_2) は求まる．試料の pH を測定する場合には，まず，pH 標準液 (pH_{st}) に両電極を入れて起電力 (E_{st}) を測定し，次に被検液 (pH_x) に入れて同様に測定し (E_x) を求め，おのおの (5) 式に代入して，両者の差から pH_x を求めることができる．

$$pH_x = \frac{E_x - E_{st}}{0.0591} + pH_{st}$$

実際に使用する pH メーターは目盛が pH の値を表しているので，デジタルメータの表示より直接 pH_x を読みとることができる．現在は，ガラス電極，比較電極，温度センサーを一体化した pH 複合電極が一般化している．

(4) 中和反応

酸と塩基を混合すると，酸から生じる水素イオン H^+ (オキソニウムイオン H_3O^+) と塩基から生じる水酸化物イオン OH^- が反応し，水を生成する．このように，酸と塩基が反応して，互いにその性質を打ち消しあう反応を中和反応 (中和) という．中和反応において，酸から生じる陰イオンと塩基から生じる陽イオンから生成する化合物を塩という．

中和反応を利用して，濃度未知の酸や塩基の濃度や物質量を求める操作を中和滴定という．中和滴定において，酸と塩基が過不足なく反応して，中和が完了する点を中和点という．この酸または塩基の滴下量と，生じた酸と塩基の混合水溶液の pH との関係を示した曲線を滴定曲線という．酸と塩基の混合水溶液の pH は，中和点の前後で急激に変化する (飛躍する) ので，滴定曲線から中和点を求めることが可能である．

[予習事項]

(1) [概説] を参考にして，この実験の「目的」を記せ．
(2) 「実験方法」を箇条書き，またはフローチャートで示せ．

[実 験]

器具

pH メーター 1 台，マグネチックスターラー 1 台，ビュレットスタンド 1 台，25 mL ビュレット 1 本，10 mL ホールピペット 3 本，25 mL ホールピペット 1 本，100 mL メスフラスコ 3 本，50 mL メスシリンダー 1 本，100 mL ビーカー 5 個，回転子 1 個，洗ビン (純水用 500 mL，水道用 1000 mL)，廃液ビン．

試薬

$1.0\,mol\,L^{-1}$ HCl, $0.2\,mol\,L^{-1}$ NaOH などの各水溶液，無水炭酸ナトリウム (Na_2CO_3) 粉末，pH 標準液 (pH 4.01, pH 6.86, pH 9.18)，メチルオレンジ指示薬，フェノールフタレイン指示薬，電極保存液．

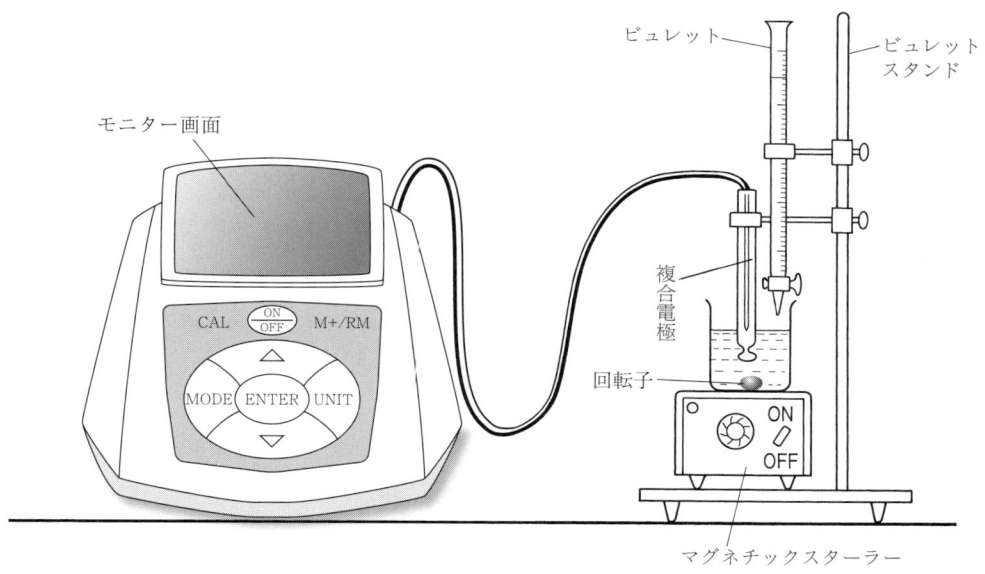

図 **2.3.2** 滴定装置

実験操作

1. pH メーターの校正・使用方法

今回の実験は，pH の測定範囲が広いので，3 点校正を行う.

(1) 〈$\frac{ON}{OFF}$〉ボタンを押して電源を入れる.

(2) 画面左上に "pH" と表示されている (pH モードになっている) ことを確認する. もし pH モードになっていなければ，〈MOD〉ボタンを短く押して pH モードに切り換える.

(3) 〈CAL〉ボタンを押して校正モードにする. 画面で "CAL 1" が点滅する (第 1 点目の校正に入ったことを示している).

(4) pH 電極を電極保存液から引き上げ，電極が液に浸った部分は洗浄瓶で純水を吹き付けて洗浄する (特にガラス球部分は洗浄しづらいので，純水でよく洗浄する).

(5) 電極にキムワイプをあてて，水滴を静かにぬぐう (こすってはならない).

(6) pH 6.86 の緩衝溶液に電極を浸し，液を電極になじませ，静置する.

(7) 測定値が安定し，画面に "☺" マークが表示されたら，再度〈CAL〉ボタンを押す. 画面に 6.86 pH が点滅表示され，数秒後に "End" が一瞬表示されて第 1 点目の校正が完了する.

(8) 画面に安定した pH の値と "CAL 2" が表示されたら，第 1 点目の校正が完了したことを示しているので，第 2 点目の校正操作に進む.

(9) 電極を緩衝溶液から引き上げ，純水で電極をよく洗浄し，キムワイプで水滴を吸い取る (こすってはならない).

(10) pH 4.01 の緩衝溶液に電極を浸し，液を電極になじませ，静置する.

(11) 測定値が安定し，画面に "☺" マークが表示されたら，再度〈CAL〉ボタンを押す. 画面に

4.01 pH が点滅表示され，数秒後に "**End**" が一瞬表示されて第 2 点目の校正が完了する.

(12) 画面に安定した pH の値と "**CAL 3**" が表示されたら，第 2 点目の校正が完了したことを示しているので，第 3 点目の校正操作に進む.

(13) 電極を緩衝溶液から引き上げ，純水で電極をよく洗浄し，キムワイプで水滴を吸い取る (こすってはならない).

(14) pH 9.18 の緩衝溶液に電極を浸し，液を電極になじませ，静置する.

(15) 測定値が安定し，画面に "☺" マークが表示されたら，再度〈CAL〉ボタンを押す. 画面に 9.18 pH が点滅表示され，数秒後に "**End**" が一瞬表示されて第 3 点目の校正が完了する. 校正が正しく完了すると，画面に安定した pH の値と "Ⓛ Ⓜ Ⓗ" の 3 つの校正指示マークが表示される.

(16) 試料溶液を測定する際には，電極を純水で十分洗浄した後，測定する溶液に電極を浸し，液を電極になじませ静置する. 画面に "☺" マークが表示された後，測定値を読みとる. この値が溶液の pH 値となる.

(17) 測定が終了したら，電極を純水で十分洗浄し，電極保存液につけて保管する.

(18) 〈$\frac{ON}{OFF}$〉ボタンを押して電源を切る.

2. 実験 1　Na_2CO_3 と HCl の中和反応

操作 1　Na_2CO_3 標準液および HCl 溶液の調製

(1) $0.05\,mol\,L^{-1}$ Na_2CO_3 標準液の調製：純粋な無水炭酸ナトリウムは，デシケータ中に保存してある. この炭酸ナトリウム約 $0.5\,g$ をプラスチック皿 (秤量皿) に入れ，電子天秤で $1\,mg$ の桁まで正確に秤量する. 次に皿上の炭酸ナトリウムを洗ビンで純水を加えて濡らしてから，ロートを付けた $100\,mL$ メスフラスコ中に洗ビンを使用して水で流し込む. 完全に溶かしてから純水で正確に $100\,mL$ とし，よく振って混和する.
秤量の仕方は，天秤に備え付けの説明書を参照する (濃度の計算は注 1 参照).

(2) $0.1\,mol\,L^{-1}$ HCl 溶液の調製：$1\,mol\,L^{-1}$ HCl 溶液 $10\,mL$ を $10\,mL$ ホールピペットでとり，$100\,mL$ メスフラスコに入れ，純水を加えて正確に $100\,mL$ とする. よく混和して使用する.

操作 2　Na_2CO_3-HCl の中和滴定

(3) pH メーターの使用法にしたがって，pH メーターを校正しておく.

(4) (2) で得た $0.1\,mol\,L^{-1}$ HCl 溶液を $25\,mL$ ビュレットに入れる. メニスカスを目盛の 0 に合わせる (ビュレットは少量の $0.1\,mol\,L^{-1}$ HCl 溶液で共洗いしてから使用しよう).

(5) (1) で得た $0.05\,mol\,L^{-1}$ Na_2CO_3 標準液を，$10\,mL$ ホールピペットを使って $10\,mL$ とり，$100\,mL$ ビーカーに入れ，これにメスシリンダーで純水約 $40\,mL$ を追加する. この溶液にフェノールフタレインとメチルオレンジ指示薬をそれぞれ 2 滴ずつ加えておく.

(6) (5) のビーカー中に回転子を 1 個入れ，マグネチックスターラーの上にのせてスターラーのスイッチを ON にし，撹拌の状態をチェックしてから，スイッチは OFF にしておく.

(7) ビーカー中に電極を入れ，ビュレットをセットし，スターラーのスイッチを ON にする (電極と回転子は離し，ビュレットを回転子の真上になるようにセットしよう).

(8) 画面に "☺" マークが表示されたら，測定値を読みとり，ビーカー中の溶液の色とともに記録する.

(9) ビュレットから $0.1\,mol\,L^{-1}$ HCl 溶液を $0.50\,mL$ 滴下し，30 秒から 1 分の一定時間たった後，メーターの pH 値とビーカー中の溶液の色を記録する.

(10) 次に (9) の操作を繰り返し，$0.1\,mol\,L^{-1}$ HCl 滴定量と pH の変化を記録する. 第 2 中和点近くで指示薬が変色してから，さらに 8 回測定して終了する.

(11) 滴定がすんだら，ビュレットをはずし，電極は引き上げ，純水で十分洗浄する.

注意事項：滴定中に溶液をスターラーで撹拌するが，空気中の二酸化炭素の影響で pH メーターの値が安定しない場合が多い. 塩酸を $0.5\,mL$ 滴下し終わったら，一定時間後 (例：1 分後) に pH メーターの値を読み，次の滴定操作に移るようにした方がよい.

3. 実験 2　NaOH と HCl の中和反応

操作　NaOH-HCl の中和滴定

(1) $0.02\,mol\,L^{-1}$ NaOH 水溶液の調製：$10\,mL$ ホールピペットで $0.2\,mol\,L^{-1}$ NaOH 水溶液を $10\,mL$ とり，$100\,mL$ メスフラスコに入れる. 標線まで純水を加えて，正確に $100\,mL$ にする.

(2) (1) で作った $0.02\,mol\,L^{-1}$ NaOH 水溶液 $25\,mL$ を $25\,mL$ ホールピペットでとり，$100\,mL$ ビーカーに入れ，これにメスシリンダーで純水約 $25\,mL$ を追加する. この溶液にフェノールフタレインとメチルオレンジ指示薬をそれぞれ 2 滴ずつ加えておく.

(3) 実験 1 で使用した $0.1\,mol\,L^{-1}$ HCl 溶液を $25\,mL$ ビュレットに補充する. その後の操作は，実験 1 の操作 2 の (6) ～ (11) までと同様に行う.

(4) すべての滴定が終了したら，電極は純水で十分洗浄してから，電極保存液に浸しておく.

(5) $\langle \frac{ON}{OFF} \rangle$ ボタンを押して電源を切る.

4. 実験 1 の結果のまとめ方

(1) 結果を表にまとめ，グラフ用紙にプロットして滴定曲線を作成する.

(2) 図 2.3.3 のように，滴定曲線の作図から，接線の中点として HCl の滴下量 V_1, V_2 を求める. また注 1 に従って，Na_2CO_3 の濃度を計算する.

(3) V_2 の値から，$0.1\,mol\,L^{-1}$ HCl 溶液の正確な濃度を計算する (注 2 参照).

(4) 滴定曲線から H_2CO_3 の pK_{a_1}, pK_{a_2} を求める (注 3 参照).

5. 実験 2 の結果のまとめ方

(1) 測定したデータは，表にまとめる.

(2) グラフ用紙に滴定曲線を描き，接線の中点として中和点を求める.

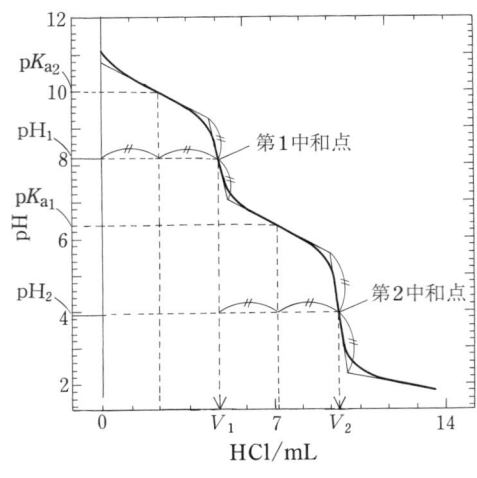

図 2.3.3 Na_2CO_3-HCl の滴定曲線

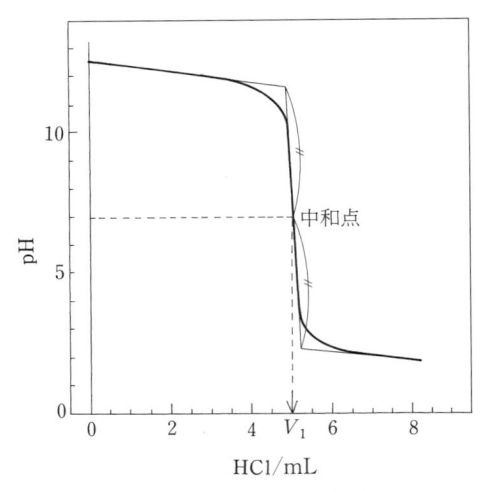

図 2.3.4 NaOH-HCl の滴定曲線

(3) 中和点までに要した $0.1\,\mathrm{mol\,L^{-1}}$ HCl 溶液の量 V_1 から NaOH 水溶液の濃度を計算し (注 4)，実験 1 の Na_2CO_3，HCl の濃度とともに表にまとめる．

[考察事項]

化学の教科書，参考書を参照して次の問いに答えよ．

(1) 実験 1 と実験 2 の滴定曲線の違いについて述べよ．水酸化ナトリウム水溶液と炭酸ナトリウム水溶液の塩基性の強さの違いも関係づけて説明すること．

(2) 実験 1 と実験 2 では指示薬としてフェノールフタレインとメチルオレンジを用いたが，その理由を説明せよ．

(3) 炭酸ナトリウムは正塩であるが，水溶液は強いアルカリ性を示す．その理由を説明せよ．

[発展考察課題]

余力のある場合，次の項目についてさらに深く考察せよ．

(1) 緩衝溶液とは何か．例を示して原理を説明せよ．

(2) 強酸-強塩基，強酸-弱塩基，弱酸-強塩基，弱酸-弱塩基，の 4 つの組み合わせの反応における滴定曲線の違いについて例を示して説明せよ．

(3) その他，独自の考察．

注1 Na_2CO_3 標準溶液の濃度の計算例

モル濃度は，溶液 1 L 中の溶質の量を物質量 [mol] で表した濃度で，単位記号 $\mathrm{mol\,L^{-1}}$ で表す．

Na_2CO_3 の式量は 106.0 であるから，モル質量は $106.0\,\mathrm{g\,mol^{-1}}$ である．今回の実験で Na_2CO_3 を 0.535 g 秤量した場合，100 mL メスフラスコ中にある Na_2CO_3 水溶液のモル濃度は

$$\text{モル濃度} [\mathrm{mol\,L^{-1}}] = \frac{\text{溶質の物質量} [\mathrm{mol}]}{\text{溶液の体積} [\mathrm{L}]} = \frac{\dfrac{0.535\,[\mathrm{g}]}{106.0\,[\mathrm{g\,mol^{-1}}]}}{\dfrac{100}{1000}\,[\mathrm{L}]} = 0.0505\,[\mathrm{mol\,L^{-1}}]$$

となる.

注 2　$0.1\,\mathrm{mol\,L^{-1}}$ HCl 溶液の濃度を求める計算例

Na_2CO_3 と HCl の中和反応は，次のように 2 段階で進む.

$$Na_2CO_3 + HCl \longrightarrow NaHCO_3 + NaCl \tag{6}$$

$$NaHCO_3 + HCl \longrightarrow NaCl + CO_2 + H_2O \quad (NaCl + H_2CO_3) \tag{7}$$

図 2.3.3 で第 1 中和点と第 2 中和点はそれぞれ (6) 式と (7) 式の反応の終点を示す.

また，(6) 式と (7) 式を足すと

$$Na_2CO_3 + 2\,HCl \longrightarrow 2\,NaCl + CO_2 + H_2O$$

の反応式が得られる.

すなわち，2 価の塩基である Na_2CO_3 1 mol に対し，1 価の酸である HCl 2 mol が反応して中和反応が完結する.

このように酸と塩基が過不足なく中和するとき，次の関係が成り立つ.

$$\text{(酸の価数)} \times \text{(酸の物質量)} = \text{(塩基の価数)} \times \text{(塩基の物質量)}$$

つまり，濃度が $c\,[\mathrm{mol\,L^{-1}}]$ の a 価の酸の水溶液 $V\,[\mathrm{mL}]$ と，濃度が $c'\,[\mathrm{mol\,L^{-1}}]$ の b 価の塩基の水溶液 $V'\,[\mathrm{mL}]$ とが過不足なく中和したとすると，このとき酸から生じる H^+ と塩基から生じる OH^- の物質量は等しいので，

$$a \times c\,[\mathrm{mol\,L^{-1}}] \times \frac{V}{1000}\,[\mathrm{L}] = b \times c'\,[\mathrm{mol\,L^{-1}}] \times \frac{V'}{1000}\,[\mathrm{L}]$$

が成り立つ.

したがって，価数 2，濃度 c' $(0.0505\,\mathrm{mol\,L^{-1}})$，体積 V' $(10.00\,\mathrm{mL})$ の Na_2CO_3 水溶液を，価数 1，濃度 c の HCl で滴定して，第 2 中和点までに使用した滴定量が V $(10.10\,\mathrm{mL})$ であった場合，

$$1 \times c \times V = 2 \times c' \times V'$$

より，塩酸の濃度 c は，

$$c = 2 \times c' \times V' \div V = \frac{2 \times 0.0505\,[\mathrm{mol\,L^{-1}}] \times 10.00\,[\mathrm{mL}]}{10.10\,[\mathrm{mL}]} = 0.100\,[\mathrm{mol\,L^{-1}}]$$

となる.

注 3　炭酸 H_2CO_3 の解離指数 (pK_{a_1}, pK_{a_2}) の求め方

Na_2CO_3 の共役酸である炭酸 H_2CO_3 は，水溶液中で次のように 2 段階の解離平衡を保っている.

第 1 段階　　$H_2CO_3 \rightleftharpoons H^+ + HCO_3^-$　　$K_{a_1} = 4.47 \times 10^{-7}$ $(pK_{a_1} = 6.35)$ [文献値]

第 2 段階　　$HCO_3^- \rightleftharpoons H^+ + CO_3^{2-}$　　$K_{a_2} = 4.68 \times 10^{-11}$ $(pK_{a_2} = 10.33)$ [文献値]

　滴定操作中に，上記の平衡は右辺から左辺へ移動する．すなわち，反応は第 2 段階から第 1 段階へと進む．第 1 中和点は第 2 段階の反応で HCO_3^- が生成し，第 2 中和点は第 1 段階の反応で H_2CO_3 が生成する反応である．

　実験による pK_{a_1}, pK_{a_2} は次のようにして求める．

　pK_{a_1} 値は，第 1 段階の平衡式 $K_{a_1} = [H^+] \cdot [HCO_3^-]/[H_2CO_3]$ の関係から，両辺をそれぞれ逆数の対数をとると

$$pK_{a_1} = -\log K_{a_1} = -\log [H^+] - \log \{[HCO_3^-]/[H_2CO_3]\}$$

$$pK_{a_1} = pH - \log \{[HCO_3^-]/[H_2CO_3]\}$$

の関係が得られる．この式の右辺第 2 項の {　} 内が 1 になる条件では，

$$\log \{[HCO_3^-]/[H_2CO_3]\} = 0$$

であるから

$$pH = pK_{a_1}$$

になる．図 2.3.3 では，第 1 中和点での滴定値 $5.02\,\mathrm{mL}$ (V_1) と第 2 中和点での滴定値 $10.10\,\mathrm{mL}$ (V_2) の中間の滴定値 $7.56\,\mathrm{mL}$ $((5.02 + 10.10)/2 = 7.56\,\mathrm{mL})$ のとき，

$$[HCO_3^-] = [H_2CO_3]$$

となり，この条件を満たす．よって，図の滴定曲線から，このときの pH を求めると 6.30 となる．したがって，pK_{a_1} は 6.30 となる．

　また，HCO_3^- イオンは両性イオン (プロトンを放出すると同時にプロトンを受け取りうるイオン) であり $(HCO_3^- \rightleftharpoons CO_3^{2-} + H^+,\ H^+ + HCO_3^- \rightleftharpoons H_2CO_3)$，第 1 中和点では $[CO_3^{2-}] = [H_2CO_3]$ となる．ここで，$K_{a_1} K_{a_2} = [H^+]^2 [CO_3^{2-}]/[H_2CO_3]$ より，

$$pH = -\log [H^+] = -(\log K_{a_1} + \log K_{a_2} + \log \{[H_2CO_3]/[CO_3^{2-}]\})/2$$

が導かれる．よって，第 1 中和点では $pH_1 = -(\log K_{a_1} + \log K_{a_2})/2$ となる．この式に図 2.3.3 から求めた pH_1 の値 (8.30) と先に求めた pK_{a_1} の値を代入し，pK_{a_2} を求める．

$$pK_{a_2} = 2 \times pH_1 - pK_{a_1} = 2 \times 8.30 - 6.30 = 10.30$$

よって，pK_{a_2} の値は，10.30 になる．したがって，右表のようになる．

	pK_{a_1}	pK_{a_2}
実験値	6.30	10.30
文献値	6.35	10.33
誤　差	0.8%	0.3%

注 4　NaOH 水溶液の濃度を求める計算例

　HCl と NaOH の中和反応は，1 価の塩基である NaOH 1 mol に対し，1 価の酸である HCl 1 mol が反応して完結する．

$$NaOH + HCl \longrightarrow NaCl + H_2O$$

いま，HCl の濃度を c (0.1000 mol L^{-1})，中和点までに使用した滴定値を V (5.55 mL)，使用した NaOH の使用量を V' (25.00 mL) とすれば，NaOH の濃度 c' は，$1 \times c \times V = 1 \times c' \times V'$ より，

$$c' = c \times V \div V' = \frac{1 \times 0.100 \ [\text{mol L}^{-1}] \times 5.55 \ [\text{mL}]}{25.00 \ [\text{mL}]} = 0.0222 \ [\text{mol L}^{-1}]$$

NaOH の濃度は 0.0222 mol L^{-1} となる．

注5　実験1の Na_2CO_3-HCl 滴定曲線と実験2の NaOH-HCl 滴定曲線の違いについて

Na_2CO_3-HCl 系では，Na_2CO_3 (2価の塩基) と HCl (1価の酸) の中和反応が，下記のように，2段階でおこる．

1段目の化学反応式：$Na_2CO_3 + HCl \longrightarrow NaHCO_3 + NaCl$

2段目の化学反応式：$NaHCO_3 + HCl \longrightarrow NaCl + H_2O + CO_2$　($NaCl + H_2CO_3$)

1段目の反応が完了してから，2段目の反応が起こるため，中和点は2個所，現れる．1段目の反応の中和点 (第1中和点) での pH は下記の HCO_3^- の加水分解により，塩基性側に，第2中和点の pH は，生成した CO_2 が水溶液中に共存するため，酸性側に偏っている．

HCO_3^- の加水分解の化学反応式：$HCO_3^- + H_2O \longrightarrow H_2CO_3 + OH^-$

CO_2 と水との反応の化学反応式：$H_2O + CO_2 \longrightarrow H_2CO_3 \longrightarrow H^+ + HCO_3^-$

一方，NaOH-HCl 系では，1価の酸・塩基の中和反応が1段階で完結する．このため中和点は，1箇所であり，中和反応で生じる塩 NaCl は加水分解しないので，中和点が pH $= 7$ 付近にみられる．

NaOH と HCl の化学反応式：$NaOH + HCl \longrightarrow NaCl + H_2O$

注6　pH 指示薬について

中和点を得る方法として，本実験で行ったように，pH メータを用いて，HCl 滴下量と pH 変化を記録し，滴定曲線を描いて，pH が急激に変化する点 (中和点) を得る方法と，pH 指示薬の色の変化から中和点を求める方法がある．

pH 指示薬は，水溶液の pH の変化によって色調を変える色素であり，色調が効果的に変化する pH 範囲を変色域という．たとえば，フェノールフタレインの変色域は，pH $= 8.3 \sim 10.0$ であり，色調は，塩基性側で赤紫色，酸性側で無色である．またメチルオレンジの変色域は，pH $= 3.1 \sim 4.4$ であり，色調は，塩基性側で黄色，酸性側で赤色である．中和滴定では，酸と塩基の組み合わせにより滴定曲線の形状が大きく変わるので，中和点の判別には適切な pH 指示薬を用いる必要がある．

すなわち，pH 指示薬により中和点までの滴下量を求めるためには，指示薬の変色域が，滴定曲線の pH の飛躍の範囲内に含まれ，色の変化が明確である必要がある．

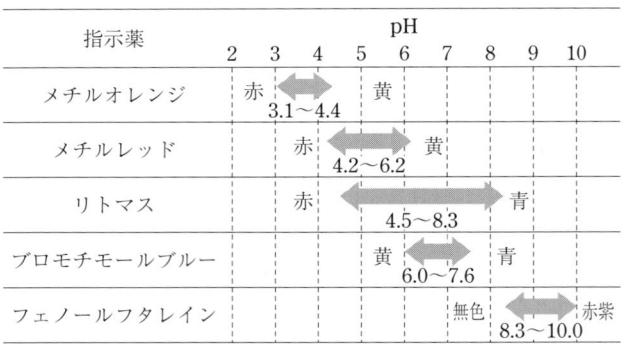

矢印の部分が変色域を示す.

図 2.3.5 主な pH 指示薬の変色域と色の変化

今回の実験では，Na_2CO_3-HCl 系の第 1 中和点付近の水溶液の色は赤紫色から黄色に変化している．第 1 中和点の酸性側では，フェノールフタレインの色は無色になっているはずだが，水溶液に共存するメチルオレンジの塩基性側の黄色が観測されているため，水溶液の色は黄色となる．第 2 中和点付近の水溶液の色は，黄色から赤色に変化している．これは，第 2 中和点を過ぎたところでは，メチルオレンジの酸性側の赤色が観測されるためである．

参考資料

標準物質

容量分析に使用する濃度の正確な溶液を標準液という．正確な濃度の標準液をつくるには，一定組成の高純度な物質 (標準物質) が必要であり，JIS K8005 には，容量分析用標準物質とその乾燥条件が規定されている．無水炭酸ナトリウム Na_2CO_3 は，酸の標定 (溶液の濃度を正確に決定する操作) 用に用いられる標準物質のひとつである．

一次標準液

標準液をつくるには，あらかじめそれぞれに応じた処理法で乾燥した純粋な標準物質を，正確に秤量した後，溶媒に溶かし，これを正確に容量のわかっているメスフラスコで希釈する．このようにして調製された標準液を一次標準液という．

　(例)　Na_2CO_3 標準液，$Na_2C_2O_4$ 標準液

二次標準液

試薬が十分に高い純度でなかったり，空気中の水分を吸収したり，空気中の二酸化炭素の影響を受けたりするなどの場合は，おおよそ必要とする濃度に近い溶液をつくり，一次標準液を用いて滴定により標定する．このようにして調製された標準液を二次標準液という．

　(例)　HCl 標準液，$KMnO_4$ 標準液

第4章 ビクトルマイヤー法による分子量測定

[概　　説]

常温で液体である揮発性物質の分子量を測定する方法に，ビクトルマイヤー法として知られる簡便な蒸気密度測定法がある．いま，質量 w の蒸気 (モル質量 M) が，温度 T，圧力 P のもとで体積 V を占め，しかもこの蒸気が理想気体であるとすれば，気体の状態方程式 $PV = nRT$ から，(1) 式の関係が成立する (ただし T は絶対温度，R は気体定数，n は物質量).

$$PV = \frac{w}{M}RT \tag{1}$$

この (1) 式から蒸気密度 D は (2) 式で表され，蒸気密度 D を測定することにより，モル質量 M を求めることができる．最終的に求めたい分子量は，モル質量から単位 $\mathrm{g\,mol^{-1}}$ を除いた値である (分子量は相対質量に基づく原子量を用いて得られる値であるので，単位はない).

$$D = \frac{w}{V} = \frac{PM}{RT} \tag{2}$$

たとえば，質量 w の揮発しやすい物質を一定温度 T で蒸気 (気体) とし，これによって追い出された空気の体積 V をガスビュレットで測定する．大気圧を P_A とすると (3) 式でその物質のモル質量 M を求めることができる．ただし，追い出された空気の体積 V は質量 w の物質が温度 T で蒸気になったときの体積と等しいとし，空気と蒸気はいずれも理想気体として取り扱えるものとする．

$$M = \frac{wRT}{(P_\mathrm{A} - P_\mathrm{W})V} \tag{3}$$

なお，水を用いたガスビュレットで気体の体積を測定するので，この (3) 式では T における水の飽和蒸気圧 P_W を P_A から差し引いている．これにより，乾燥空気の圧力に換算することができる．

本法は，蒸気が占める体積を直接測定するのではなく，空気と置換して測定することや，加熱の加減で体積変化してしまうことなどから，分子量の精密測定はできない．しかしながら，測定装置，操作が簡便であるため，分子量測定には最も広く用いられている．

本実験では，ビクトルマイヤー法によりアセトンと未知試料の分子量を測定する．さらに，得られた未知試料の分子量と成分組成から，未知試料が何であるか，推定する．

[予習事項]

(1)　[概説] を参考にして，この実験の「目的」を記せ．

(2)　「実験方法」を箇条書き，またはフローチャートで示せ．装置図もあわせて記すこと．

[実　　験]

器具

ビクトルマイヤー法の装置一式，マントルヒーター，電圧調整器 (スライダック) 各1台，温度計，ゴム付きピンセット各1本，沸騰石，試料用アンプル

試薬

アセトン，未知試料 A, B

なお，未知試料の成分組成 (質量百分率) は表2.4.1の通りである．

表 2.4.1　未知試料の成分組成

未知試料	成分組成 (質量百分率) / %		
	C	H	O
A	83.7	16.3	—
B	37.5	12.5	50.0

実験操作

(1) <u>感電・ショート防止のため，必ず A 管をマントルヒーターの外に出して行うこと</u>．

A 管の破損がないか，よく確認する．A 管に沸騰石を 4,5 粒程度入れる．備え付けのビーカーを用いて A 管底球部の半分程度まで水を入れる．A 管周囲が濡れている場合は，感電防止のため備え付けの雑巾で水分をよく拭き取る．A 管を静かにマントルヒーターに入れ，垂直になるようにクランプでスタンドに支持し，図2.4.1のように組み立てる．

(2) スライダックの目盛が 0 V であることを確認してから，プラグを机上の 100 V 電源に差し込む．スライダックの目盛を 80 V にあわせ，加熱を始める．コック G は開放しておく (本実験ではコック H を常に開放したまま使用する)．水が沸騰したら，スライダックを 50 ～ 60 V に調整して，A 管内の水蒸気が A 管上端から 1/3 程度の位置まで達するようにする．水蒸気が A 管上端から盛んに出ているのは，加熱しすぎである．また，測定中，B 管全体を一定温度に保つ必要があるので，外気に影響されないように極力注意する (電圧も一定にする)．なお，マントルヒーターの性質上，沸騰が落ち着くまでに時間差が生まれるので注意する．

(3) 試料用アンプル (以下アンプルと呼ぶ) を作成する．空アンプルの質量を電子天秤を用いて測定する．アセトン専用のマイクロシリンジを用いて，空のアンプルに試料としてアセトンを 40 μL 程度入れる．**火傷に注意しながら**，ガスバーナーでアンプルを封じ切る．封じたアンプルとアンプルの切れ端の質量を一緒に測定する．この値から空アンプルの質量を差し引いて，封入した試料の質量を求めることができる．

(4) アンプルをセットする前に，測定装置に空気漏れがないか，調べる (漏れ試験)．コック G を閉じ，測定管内が密封された状態で水溜め J を下げると，管内が減圧される．もし漏れが

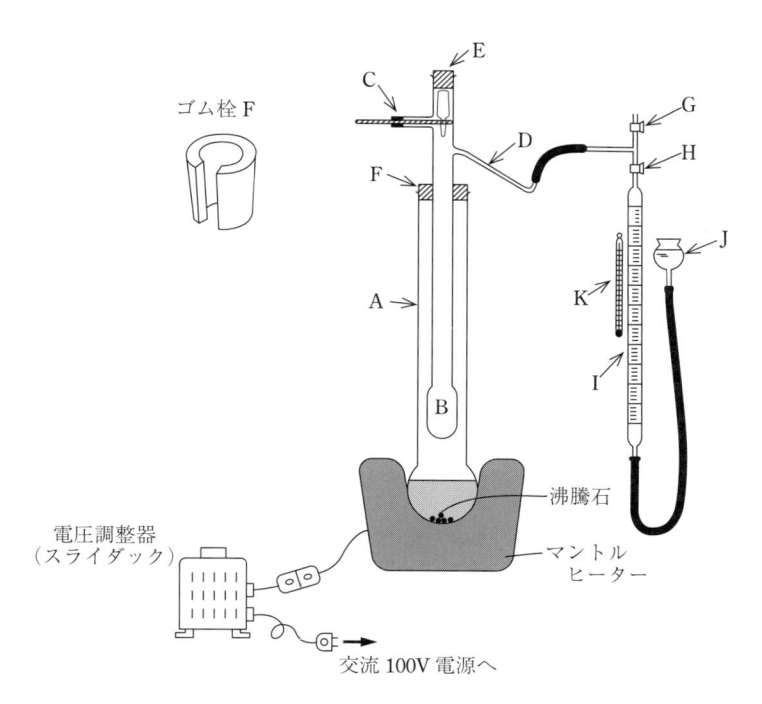

図 2.4.1　測定装置図

あれば，ガスビュレット I の液面が一定のところに止まらず，徐々に降下し続ける．この場合はゴム栓 E と枝管のゴム栓付きガラス棒 C のゴム栓を締め直す（これらから漏れることが多い）．

(5) ゴム栓 E をはずし，アンプルの封じた方を下にした状態で，これをゴム付きピンセットで静かにガラス棒 C の上にのせ，再び栓をして密封する．もう一度，漏れ試験をする．

(6) コック G を開けたまま 15 分間ほど待ち，B 管が一定温度に達したと思われるとき，コック G を閉じてみる．このとき，ガスビュレット I の液面が漸次上下する（変動）ようであれば，B 管内の温度が安定していない状態なので，安定するまで待つ．

(7) ガスビュレット I の液面が安定したら，コック G を開き，水溜め J を動かして，ガスビュレット I の液面の高さを調整し，水溜め J を固定する．ガスビュレット I と水溜め J の液面の高さが一致している状態で，ガスビュレット I を目盛の 1/10 まで読み（V_0 [mL] とする），これをゼロ点として，コック G を閉じる．なお，ガスビュレット I は容量 50 mL（1 目盛 0.2 mL）である．

(8) アンプルを支えているガラス棒 C のみを動かして（ガラス棒 C についているゴム栓は手でしっかりと固定して，動かないようにする），アンプルを落下させる．アンプルが落下したならば，ガラス棒 C を元の位置までもどす．ガラス棒 C を動かす際，空気漏れしやすい．また，ガラス棒と一緒にゴム栓まで引き抜かないように注意すること．

(9) B 管中に落下したアンプルは破壊され，アンプル中の試料は蒸発して気体となる．この試料蒸気の体積分だけ B 管内上部の空気が押し出されて，ガスビュレット I に入り，液面が降下

する．これにあわせて水溜め J を手で持って動かし，両者の液面の高さを一致させる．試料が完全に蒸発し，液面の降下が止まるまで注意深く観察する．液面が完全に動かなくなったら，ガスビュレット I の目盛を読みとり (V_f [mL] とする)，記録する．ガスビュレット I の変化分が試料蒸気の体積 V ($= V_f - V_0$) [mL] である．同時に，実験室備え付けの気圧計とガスビュレット I 脇の温度計 K で，気圧 P_A [hPa] と実験温度 t [℃] を測定する (正確な実験のためには，本来，ガスビュレット内の水温を測るべきであるが，温度計 K で代用する)．実験温度に対応する水の蒸気圧 P_W は p.137 の付録 7 を参照すること．

(例)　$t = 20.9$ ℃ の場合は，20. と 0.9. を組み合わせて，2472.9 Pa と読みとる．

> **注意**　アンプルを落下させてもガスビュレットの液面が降下しない場合，アンプルが破壊されていないか，空気漏れが起きている．速やかに B 管内のアンプルをガラス処理用バケツに取り出し，長いテフロンチューブをつけた二連球を使って B 管内の試料蒸気を追い出し，測定をやり直すこと．

(10)　測定後，速やかにコック G を開ける．そのままにすると，B 管内が減圧状態になり，ガスビュレット I の水が逆流する可能性がある．

(11)　アセトンの分子量を計算し，誤差を求める．アセトンの分子量測定で誤差が 5 % 以上になった場合は，再測定する．

(12)　次の分子量測定に取りかかる前に，B 管内のアンプルを，ガラス処理用バケツに取り出し，長いテフロンチューブをつけた二連球を使って B 管内の試料蒸気を追い出し，新しい空気と入れ替える (置換する)．

(13)　(3) ～ (10) でアセトンのかわりに，試料として指示された未知試料 A, B のどちらかを用い，アセトンの場合と同様に，分子量測定を行う．さらに，未知試料が何であるか，表 2.4.1 に示した未知試料の成分組成から推定する．なお，未知試料採取の際，各試料専用のマイクロシリンジを用いること．

> **後片付け**
> ①　スライダックを 0 V にし，電源からプラグを抜く．
> ②　軍手をはめて，脚立に乗り，B 管をはずす．**B 管をはずす際，まず B 管とガスビュレットをつないでいるゴム管をはずすこと**．B 管中の割れたアンプルをガラス処理用バケツに取り出す．
> ③　テフロンチューブ付二連球を使って B 管中に**空気を 30 回以上送りこみ**，残留している試料蒸気を完全に追い出す (これを忘れると B 管中で有機溶媒が凝縮してしまい，厄介である)．B 管は**水洗い厳禁**．
> ④　軍手をはめて，A 管中の湯を流しに備え付けのバケツに沸騰石ごと流し出す．
> ⑤　整理整頓し，机上に掃除機をかけ，水ぶきする．

[結果のまとめ方]

(1) 下記の**計算例1**を参考に，アセトンの分子量を計算し，誤差を求めよ．計算式も記すこと．

(2) 表 2.4.2 を参考に，実験条件も含めて，得られたすべての結果を表にまとめよ．

表 2.4.2 測定結果のまとめ方の例

		アセトン	未知試料
実験温度	$t/$℃	23.0	24.0
実験中の大気圧	$P_A/$hPa	1013.3	1013.0
試料の質量	$w/$g	0.0316	0.0380
実験温度での水蒸気圧	$P_W/$Pa	2.809×10^3	2.984×10^3
試料蒸気の体積	$V/$mL	13.28	20.48
モル質量	$M/$g mol^{-1}	59.4	46.6
誤差	/%	2.2	

(3) 下記の**計算例1**を参考にして未知試料の分子量を求めよ．さらに，p.60 の**計算例2**を参考にして，未知試料の分子式と物質名を推定せよ．推定理由も明記せよ (可能性のある物質名を全て列挙する)．

計算例1

実験値を (3) 式にあてはめて分子量を算出するとき，単位換算を行う．気体定数として $R = 8.31 \times 10^3$ Pa L mol^{-1} K^{-1} を用いるならば，読みとった実験中の大気圧 P_A [hPa] の単位を Pa に揃える．Pa の前についている h (ヘクト) は 10^2 を意味する．たとえば 1013.0 hPa は 1013.0×10^2 Pa と書き直せる．また，実験温度 t [℃] も T [K] $= t$ [℃] $+273$ より，セルシウス度からケルビンに，試料蒸気の体積 V は mL から L に換算する必要がある．

表 2.4.2 にある測定値，気体定数 $R = 8.31 \times 10^3$ Pa L mol^{-1} K^{-1} を用いると，求めるアセトンのモル質量 M は次のようになる．

$$M = \frac{wRT}{PV} = \frac{wR(t+273)}{(P_A - P_W)V}$$

$$= \frac{0.0316\,\text{g} \times 8.31 \times 10^3\,\text{Pa L mol}^{-1}\,\text{K}^{-1} \times (23.0 + 273)\,\text{K}}{(1013.3 \times 10^2 - 2.809 \times 10^3)\,\text{Pa} \times \left(\dfrac{13.28}{1000}\right)\text{L}}$$

$$= 59.4_0 \fallingdotseq 59.4\,\text{g mol}^{-1}$$

分子量とモル質量は密接な関係にあり，分子量はモル質量から単位 g mol^{-1} を取り除いた値に相当する．測定したモル質量が 59.4 g mol^{-1} なので，分子量は 59.4 である．アセトンの正確な分子量は 58.1 である．よって誤差 [%] は，

$$\frac{|59.4 - 58.1|}{58.1} \times 100 = 2.2_3 \fallingdotseq 2.2\%$$

2.2 % となる (正確な分子量は，巻末の原子量表から算出する)．

計算例 2

　未知試料の分子量を測定し，さらに未知試料の組成式がわかれば物質名を推定することができる．たとえば，未知試料の分子量が 46.0 で，その成分組成 (質量百分率) が，C (原子量 12.0) が 52.2 %，H (原子量 1.0) が 13.0 %，O (原子量 16.0) が 34.8 % と与えられているならば，

$$(\mathrm{C} : \mathrm{H} : \mathrm{O}) = \frac{52.2}{12.0} : \frac{13.0}{1.0} : \frac{34.8}{16.0} = (4.35 : 13.0 : 2.175)$$

$$= \frac{4.35}{2.175} : \frac{13.0}{2.175} : \frac{2.175}{2.175} = (2.00 : 5.97_7 : 1.00) \fallingdotseq (2 : 6 : 1)$$

となるので，組成式は $\mathrm{C_2H_6O}$ である．この組成式の式量は，

$$12.0 \times 2 + 1.0 \times 6 + 16.0 \times 1 = 46.0$$

未知試料の分子量は 46.6 であったから，分子式 $(\mathrm{C_2H_6O})_n$ の n は，

$$n = \frac{46.6}{46.0} = 1.01_3 \fallingdotseq 1 \ (整数値にする)$$

よって，未知試料の分子式は $\mathrm{C_2H_6O}$ である．

　この測定では水を加熱に使っていることから，未知試料の沸点は 100 ℃ 以下である．分子式 $\mathrm{C_2H_6O}$ として推定される物質は，エタノール (沸点 78.3 ℃)，ジメチルエーテル (沸点 −24.8 ℃) である．液体試料としてアンプルに封入したことやエーテル臭がしなかったことから考えると，未知試料はエタノールと推定される．エタノール $(\mathrm{C_2H_6O})$ の正確な分子量は，46.0 である．測定から求めた分子量が 46.6 なので，誤差 [%] は

$$\frac{|46.6 - 46.0|}{46.0} \times 100 = 1.3_0 \fallingdotseq 1.3 \%$$

1.3 % となる (正確な分子量は，巻末の原子量表から算出する)．

[考察事項]

(1) [概説] を参考にして，ビクトルマイヤー法による分子量測定の原理を，気体の状態方程式を用いて具体的に説明せよ．

(2) 今回の実験で得られた結果について考察せよ．今回の実験の誤差は何に起因しているのか．誤差が生じる背景とその解釈について考察せよ (どのような理論的近似をしたか，実験上の操作，加熱の影響等を考え，そのような原因がどういった結果につながるか，考えること．また，最も大きな誤差の要因は何であるか，考えよ)．

[発展考察課題]

　余力のある場合，次の項目に関して，さらに深く考察せよ．

(1) 理想気体と実在気体の違いについて化学の教科書や物理化学関連の教科書を参考に調べ，実在気体はどのような条件下であれば，理想気体として近似できるのか述べよ．また，本実験において気体を理想気体としたのは適当であったか，考えよ．

(2) 分子間力について，物理化学，量子化学関連の参考書で調べよ．また，分子間力が気体の状

態方程式に及ぼす影響について説明せよ.

(3) 実験操作 (10) で，測定後そのまま放置すると管内の圧力が減少するのは何故か，考えよ.

(4) 液体の加熱に際し，突沸防止のため沸騰石を入れる．なぜ突沸が防げるのか，考えよ.

(5) その他，独自の考察を記せ.

第5章　凝固点降下法による分子量測定

[概　　説]

　水に砂糖や尿素などの溶質を少量加えると，水の凝固点が $0\,℃$ より下がる．一般に気化しにくい溶質を溶かした希薄溶液の凝固点は，純溶媒の凝固点よりも低くなる．この現象を凝固点降下という．その降下度を Δt とすれば，Δt は希薄溶液の質量モル濃度 $m\,[\mathrm{mol\,kg^{-1}}]$ に比例する．

$$\Delta t = K_{\mathrm{f}} \cdot m \tag{1}$$

　ここで，K_{f} はモル凝固点降下 $[\mathrm{K\,kg\,mol^{-1}}]$ といい，溶媒に固有の定数で，溶質の種類，形状，大きさに関係しない．ただし，条件として，溶質が溶媒と化学反応せず，また固溶体を形成しないと同時に，ラウール (Raoult) の法則によくあてはまることが挙げられ，電解質や分子会合体を形成する物質には適用できない．

　希薄溶液の質量モル濃度 $m\,[\mathrm{mol\,kg^{-1}}]$ は溶質の質量 $w\,[\mathrm{g}]$，溶質のモル質量 $M\,[\mathrm{g\,mol^{-1}}]$，溶媒の質量 $W\,[\mathrm{kg}]$ を用いて，(2) 式で表される．

$$m = \frac{溶質の物質量\,[\mathrm{mol}]}{溶媒の質量\,[\mathrm{kg}]} = \left(\frac{w}{M}\right) \times \frac{1}{W} = \frac{w}{WM} \tag{2}$$

(1) 式，(2) 式から，

$$\Delta t = \frac{wK_{\mathrm{f}}}{WM} \tag{3}$$

$$M = \frac{wK_{\mathrm{f}}}{W\Delta t} \tag{4}$$

　これにより，凝固点降下度 Δt，溶質と溶媒の質量 w, W および溶媒のモル凝固点降下 K_{f} が得られれば，溶質のモル質量 M，すなわち分子量が算出できる．

　凝固点降下度 Δt は，純溶媒と溶液の凝固点の差である．凝固点は，冷却に伴う温度の経時変化を測定し，冷却曲線を描いて求める．冷却曲線の例を図 2.5.1 に示す．純溶媒 (液体) を冷却していくと，通常，融点に達しても凝固せず，液体のまま冷却され続ける (過冷却現象)．

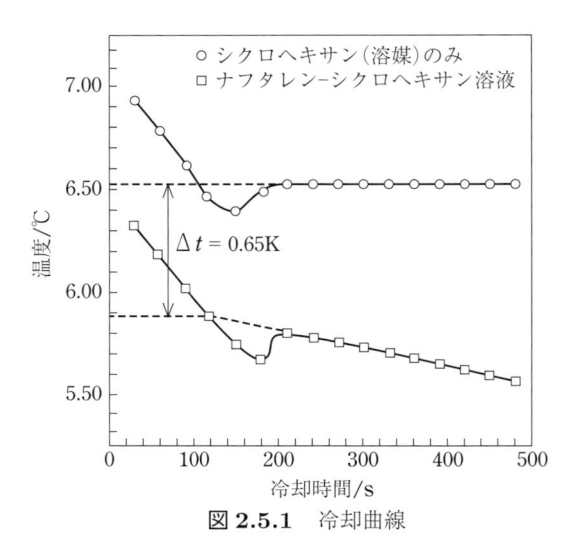

図 2.5.1　冷却曲線

本実験では，溶媒にシクロヘキサン，溶質にナフタレンを用いて，ナフタレン-シクロヘキサン溶液の凝固点降下度を測定し，ナフタレンの分子量を得るとともに，希薄溶液の性質について理解を深める.

[予習事項]

(1) [概説] を参考にして，この実験の「目的」を記せ.

(2) 「実験方法」を箇条書き，またはフローチャートで示せ.

[実　　　験]

器具

凝固点降下測定装置一式 (図 2.5.2 参照)，デジタル温度計 (本体と温度センサー)，カウントアップタイマー，電子天秤，ルーペ，ステンレス製撹拌棒，5 mL 駒込ピペット各 1 個，秤量用プラスチック皿

試薬

シクロヘキサン，ナフタレン

実験操作

> 注意　(1)　デジタル温度計本体にシクロヘキサンをかけると，表面が侵される.
>
> 　　　(2)　温度センサーを折り曲げたり，衝撃を与えたりすると，センサー内部が破損する.
>
> 　　　(3)　二重管をセットするとき，大小の試験管が接触しないように接続する. 接触したまま力を加えると，容易に破損する.

(1) 試料を入れる二重管内は完全に乾燥させ (きれいにしておかないとなめらかな曲線が得られない)，シクロヘキサン (凝固点は +6.52 ℃ である) 25.0 g を電子天秤で測りとる. なお，シクロヘキサンの質量は正確にわかっていればよいので，ちょうど 25.00 g である必要はない.

(2) 温度センサーのコネクタをデジタル温度計本体の INPUT に慎重に接続し，図 2.5.2 のように装置にセットする. デジタル温度計の POWER スイッチを ON にして，電源を入れる. 温度表示が ℃ で，分解能 0.01° であることを確認する. 表示が異なる場合は，それぞれ ℃/℉ スイッチ，分解能 0.01°/0.1° スイッチを押して選択する. **温度センサー先端が内管に触れないように注意する** (触れていると正確な温度測定ができない).

(3) 冷却槽中に氷と水を入れる (氷は冷却槽の 7 割程度まで，水は 8 割程度まで入れる).

(4) 冷却槽の氷水と試料をゆっくり撹拌 (かき混ぜること) しながら，デジタル温度計の表示が 8.00 ℃ になるまで待つ (約 15 分). 冷却槽の撹拌は常に行い，試料の撹拌はマグネチックスターラーを用いて穏やかに行うこと.

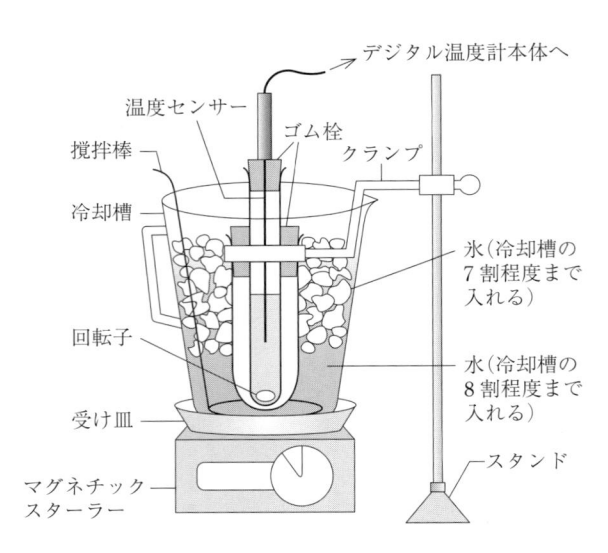

図 **2.5.2** 測定装置

(5) デジタル温度計の読みが 8.00 °C になったら,カウントアップタイマーをスタートさせ,(4) のように撹拌しながら 30 秒ごとにシクロヘキサンの温度変化を読みとる.シクロヘキサン が凝固しはじめ,一定温度となった後も,5 分間温度を追跡して,測定を終了する(なお,温 度変化をその場でグラフ用紙に図示していくこと).

(6) 測定終了直後のシクロヘキサン結晶の様子を観察し,スケッチする.

(7) 結晶化したシクロヘキサンを再び溶かして,事前に電子天秤で 0.12 g 付近の正確な値を測 りとったナフタレンをこのシクロヘキサンに加え,完全に溶解する.なお,ナフタレンの質 量は正確にわかっていればよいので,ちょうど 0.120 g である必要はない.

(8) (4) ~ (5) と同様に操作し,ナフタレン-シクロヘキサン溶液が凝固した後,5 分間温度を追 跡し,測定を終了する.

(9) 測定終了直後のシクロヘキサン結晶の様子を観察し,スケッチする.

[結果のまとめ方]

(1) 以下のようにして,ナフタレンの分子量を算出する.

    (a) 実測値から図 2.5.1 にあるような冷却曲線をグラフ用紙に描く.作図の際,必要に応じ て時間軸を移動させたり,重要な部分を拡大したりするとよい.

    (b) 冷却曲線から凝固点降下度 Δt を読みとる.なお,Δt をどのようにとったか,冷却曲 線中に点線で明示すること.

    (c) 下記の計算例にしたがって,分子量を算出する.また,理論値との誤差を算出する.

(2) 測定終了直後のシクロヘキサン結晶の様子を図示せよ.

計算例

たとえば，今回の実験で，溶質のナフタレンの質量 w が 0.106 g，溶媒のシクロヘキサンの質量 W が 25.0 g であったとすると，ナフタレン-シクロヘキサン溶液の質量モル濃度 m [mol kg^{-1}] は，ナフタレンのモル質量 (理論値) が 128.0 g mol^{-1} であるので，

$$質量モル濃度\ m = \frac{溶質の物質量\ [\text{mol}]}{溶媒の質量\ [\text{kg}]} = \frac{\dfrac{ナフタレンの質量\ [\text{g}]}{ナフタレンのモル質量\ [\text{g mol}^{-1}]}}{シクロヘキサンの質量\ [\text{kg}]}$$

$$= \frac{\dfrac{0.106\ [\text{g}]}{128.0\ [\text{g mol}^{-1}]}}{\dfrac{25.0}{1000}\ [\text{kg}]} = 0.0331\ [\text{mol kg}^{-1}]$$

である．よって，このナフタレン-シクロヘキサン溶液を用いた場合，期待される理論的な凝固点降下度 $\Delta t_{\text{calc.}}$ は，シクロヘキサンのモル凝固点降下 $K_{\text{f}} = 20.2$ K kg mol^{-1} であるので，

$$\Delta t_{\text{calc.}} = K_{\text{f}} \cdot m = 20.2\ [\text{K kg mol}^{-1}] \times 0.0331\ [\text{mol kg}^{-1}] = 0.669\ [\text{K}]$$

となる．

今回の実験から求めるべき溶質のモル質量 M [g mol^{-1}] は，冷却曲線への作図で得られた凝固点降下度 Δt [K] (実測値)，溶質の質量 w [g]，溶媒の質量 W [kg] を用いて計算する．冷却曲線への作図で得られた凝固点降下度 Δt [K] (実測値) が，0.65 K ($^\circ$C 単位でも同じ．絶対温度とセルシウス温度の目盛は同じである) であったとすると，(4) 式から，溶質のモル質量 M は，

$$M = \frac{w K_{\text{f}}}{W \Delta t} = \frac{0.106\ [\text{g}] \times 20.2\ [\text{K kg mol}^{-1}]}{\dfrac{25.0}{1000}\ [\text{kg}] \times 0.65\ [\text{K}]} = 131.7\ [\text{g mol}^{-1}] = 132\ [\text{g mol}^{-1}]$$

となる．よって，ナフタレンの分子量 (測定値) は 132 である．

原子量を元に算出したナフタレンの分子量 (理論値) は 128.0 であるから，相対誤差は，

$$\frac{|132 - 128|}{128} \times 100 = 3.1\ \%$$

となる．

[考察事項]

(1) 凝固点降下，および凝固点降下法による分子量測定の原理について，物理化学関連の文献を参考に調べよ．

(2) 実験誤差について，その原因を次の (a) ～ (c) を参考にして，定量的に議論せよ．

    (a) ナフタレンの分子量を 128.0 として，今回の実験で測定されるべき理論的凝固点降下度 $\Delta t_{\text{calc.}}$ を算出せよ．さらに，実験値 Δt と比較してみよ．

    (b) Δt の測定で，作図で得られた温度の読みを 0.01 $^\circ$C 読み間違えた場合，それは何% の誤差になるか．算出せよ．

    (c) シクロヘキサンやナフタレンの質量を間違えた場合はどうか．たとえば，シクロヘキ

サンの質量を 0.1 g 間違えた場合や，ナフタレンの質量を 0.001 g 取り間違えた場合など，誤差がどの程度になるか，算出してみよ.

(d) 今回の測定実験の誤差は何に起因しているのか，考えよ.

(3) 身近な凝固点降下の現象例を挙げよ.

[発展考察事項]

余力のある場合，次の項目に関して，さらに深く考察せよ.

(1) ラウールの法則 (蒸気圧降下) について物理化学関連の文献を参考に調べ，ラウールの法則 (蒸気圧降下) から沸点上昇度 Δt を求める式を導出せよ.

(2) 冷却曲線について，理想的には純シクロヘキサンでは完全に凝固するまでは一定の温度で，ナフタレン-シクロヘキサン溶液では最後まで下がり続けるはずである．なぜこのような違いが生じるのか．また，実験結果が理想的な曲線と異なる場合，その原因について物理化学関連の文献や実験書を参考に考察せよ.

(3) その他，独自の考察を記せ.

参考資料

溶液と濃度

液体には様々な物質が溶ける．液体に他の物質が溶解したものを溶液という．溶液のどの部分であっても各々の成分の割合は一定であり，液体は均一な混合物である．物質を溶かす液体を溶媒，その液体に溶けている物質を溶質という.

溶液の性質は溶媒量と溶質量の比および溶質成分の比によって決まることが多いので，それらの相対的関係を表すために，濃度を用いる．溶液の濃度にはいろいろな表し方がある.

(1) モル濃度

溶液 1 L 中の溶質の量を物質量で表した濃度で，単位記号 $\mathrm{mol\,L^{-1}}$ で表す.

$$モル濃度\ [\mathrm{mol\,L^{-1}}] = \frac{溶質の物質量\ [\mathrm{mol}]}{溶液の体積\ [\mathrm{L}]}$$

(2) 質量モル濃度

溶媒 1 kg 中に溶けている溶質の量を物質量で表した濃度で，単位記号 $\mathrm{mol\,kg^{-1}}$ で表す.

$$質量モル濃度\ [\mathrm{mol\,kg^{-1}}] = \frac{溶質の物質量\ [\mathrm{mol}]}{溶媒の質量\ [\mathrm{kg}]}$$

(3) 質量パーセント濃度

溶液中に含まれる溶質の質量をパーセント [%] で表した濃度．すなわち溶液 100 g 中の溶質の質量.

$$質量パーセント濃度\ [\%] = \frac{溶質の質量\ [\mathrm{g}]}{溶液の質量\ [\mathrm{g}]} \times 100$$

(4)　百万分率・10 億分率

　溶質成分量がごく微量の場合，その濃度表示として百万分率 (parts per million, ppm)，さらに 10 億分率 (parts per billion, ppb) が用いられる．通常，溶質は質量で表し，溶液の量を体積で考える場合 (たとえば $1\,ppm = 1\,mg\,L^{-1}$, $1\,mg\,dm^{-3}$) と質量で考える場合 (たとえば $1\,ppm = 1\,mg\,kg^{-1}$) がある．なお，気体中の存在割合を示す場合，体積基準での分率を意味する．

(5)　モル分率

　成分 i のモル分率 x_i は，成分 i の物質量 n_i を用いて表される．

$$x_i = \frac{n_i}{\sum n_i}$$

よって，$\sum x_i = 1$ である．

第6章　BTB (Bromothymol blue) の吸収スペクトル

[概　説]

　太陽光線は広い波長範囲の可視光を含んでいるので白色に見える．太陽光線をプリズムに通すとき，波長によって屈折率が異なるために色が分かれる (分光)．分光によって観測される光の成分をスペクトルという．われわれがしばしば目にする虹は，太陽光線が空気中の微細な水の粒子 (プリズムの役割をする) によって分光された結果，太陽光線のスペクトルが現れたのである．光は電磁波である．電磁波は図 2.6.1 に示すように，その波長によって呼び方が異なる．電磁波の中でも一般に人間の目で感じることができる，波長 400 nm から 800 nm の範囲を可視光あるいは単に光と呼ぶ ($1\,\mathrm{nm}$ (ナノメートル) $= 10^{-9}$ m)．可視光はさらに波長によって表 2.6.1 に示すように色が異なる．また，電磁波はそれ自身エネルギーであり，長波長から短波長にむかって，そのエネルギーは大きくなる．つまり赤外線よりも可視光，可視光よりも紫外線の方がより大きいエネルギーを持つ (p.74 (5) 式参照).

　物質に光をあてたとき，光エネルギーは分子内の電子の遷移により吸収されて，電子状態が変わる．物質によって電子状態の変化に必要なエネルギーが異なり，このため，物質によって吸収される光の波長が異なる (色の違いとなる)．電子の遷移が起こらないときは無色となる．

　物質が吸収する光の波長や強度 (吸収スペクトル) は，分光光度計を用いて測定される．分光光度計の仕組みは次のようになっている．光源からの白色光 (構成成分の光の波長が連続している光，全ての波長の光が集まった光) を分光して単色光にする．この単色光を対象物質が溶けた溶液にあてて，透過させる．溶液通過前後での単色光の強度，I_0, I の比 (透過度 $T = I/I_0$) を単色

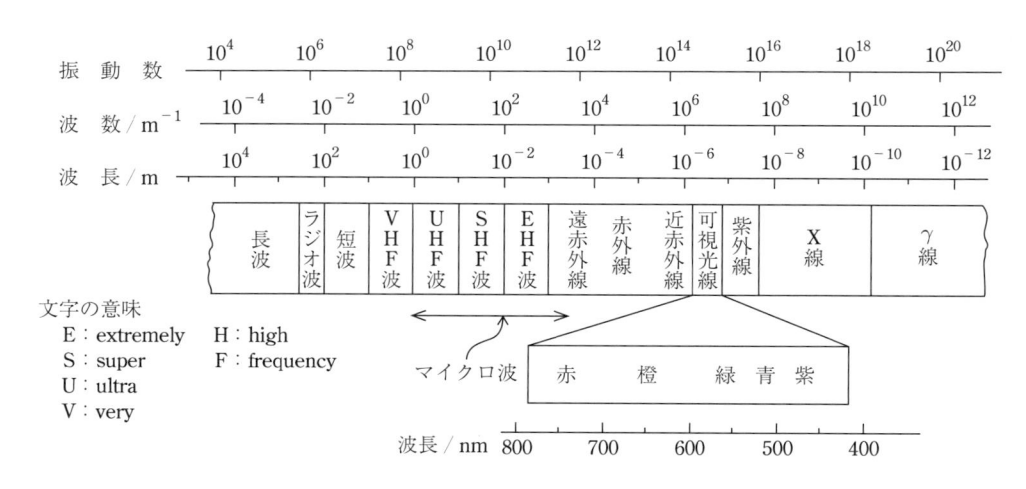

図 2.6.1　電磁波の種類とその波長，波数，振動数の関係

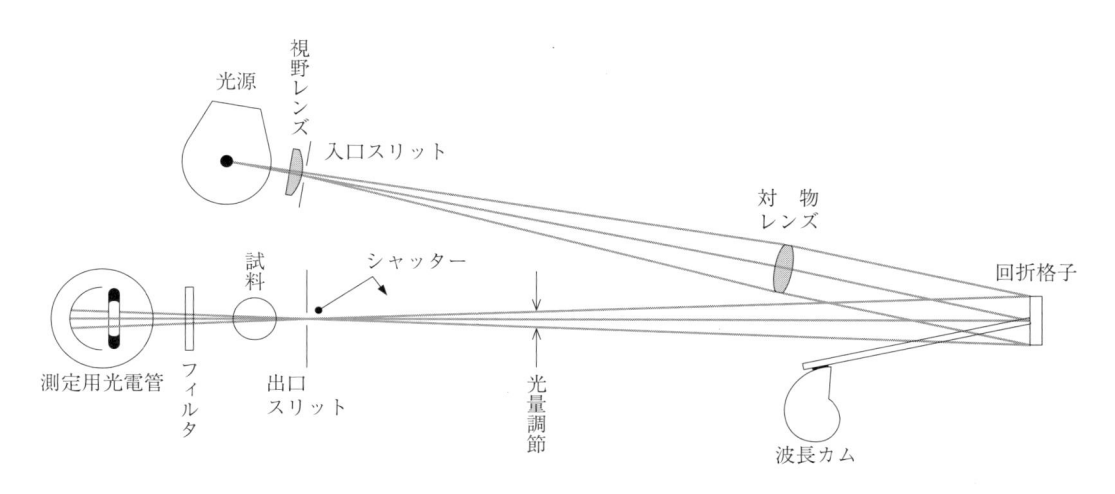

図 **2.6.2** 分光光度計の光学系

表 **2.6.1** 光の波長と色の関係

波長/nm	光の色	余色 (補色)
400〜435	紫	黄緑
435〜480	青	黄
480〜490	緑青	だいだい
490〜500	青緑	赤
500〜560	緑	赤紫
560〜580	黄緑	紫
580〜595	黄	青
595〜610	だいだい	緑青
610〜750	赤	青緑
750〜800	赤紫	緑
800〜1000	色はなし (暖かく感じる)	

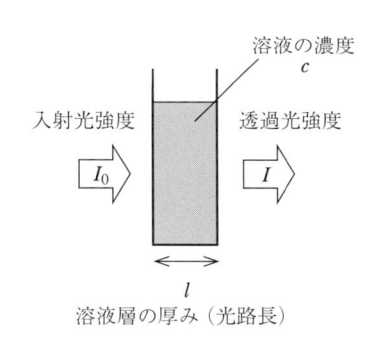

図 **2.6.3** 溶液による光の吸収

光の波長ごとに測定して，吸収スペクトルを得る (図 2.6.3 参照).

光吸収の割合の表示法として，透過度 T と吸光度 A があり，両者は (1) 式で関係付けられている.

$$A = -\log T = -\log_{10} \frac{I}{I_0} = \varepsilon cl \tag{1}$$

ここで，log は 10 を底とする対数を表す．なお，吸光度 A は溶液の厚み l および濃度 c と比例関係にある (ε は比例定数であり，モル吸光係数と呼ばれている)．光の吸収に関する諸法則の詳細は第 7 章の p.86 [参考資料] を参照せよ.

いま，ある試料溶液に光をあてて，溶液を透過してきた光を観察する．もし，溶液が可視光を吸収しないと，溶液は無色透明である．溶液が全ての可視光を吸収すれば，溶液は黒色に見える.

では溶液がある特定波長の光を吸収するとき，溶液は何色に見えるのか．この場合，人間の目にうつるのは，溶液によって吸収されずに余った光で，溶液によって吸収される光 (吸収光) の余色 (もしくは補色) である (表2.6.1 参照).

本実験では，リン酸緩衝溶液を用いて3種類の pH の異なるブロモチモールブルー (BTB) 溶液を調製し，各々の吸収スペクトルを測定し，吸収光と溶液の色 (余色)，分子構造の変化の関係を確認する.

[予習事項]

(1) [概説] を参考にして，この実験の「目的」を記せ.
(2) 「実験方法」を箇条書き，またはフローチャートで示せ.

[実　　験]

器具

分光光度計 1 台，測定用 10 mm セル 4 本，10 mL ホールピペット 2 本，5 mL ホールピペット 3 本，50 mL メスフラスコ 3 個，2 mL 駒込ピペット 1 本，100 mL ビーカー 1 個，安全ピペッター，廃液ビーカー，洗ビン (500 mL：純水用，1000 mL：水道水用) 各 1 個，パソコン

試薬

$0.1\,\mathrm{mol\,L^{-1}}$ KH_2PO_4，$0.1\,\mathrm{mol\,L^{-1}}$ Na_2HPO_4，$4.00 \times 10^{-4}\,\mathrm{mol\,L^{-1}}$ BTB 溶液

なお，KH_2PO_4：リン酸二水素カリウム：酸性溶液 (pH 5)

Na_2HPO_4：リン酸水素二ナトリウム：塩基性溶液 (pH 9)

実験操作

(1) 次の実験操作を行う前に分光光度計の電源を入れ，光源を安定させるため温めておく.

(2) $0.1\,\mathrm{mol\,L^{-1}}$ KH_2PO_4 溶液 10 mL を正確にホールピペットで取り，50 mL のメスフラスコに入れる．次に BTB 溶液 5.0 mL を正確にホールピペットで取り，同じ 50 mL のメスフラスコに入れる．標線まで水を加え，よく振って混和する (pH 5 の溶液).

(3) $0.1\,\mathrm{mol\,L^{-1}}$ Na_2HPO_4 溶液 10 mL を正確にホールピペットで取り，50 mL のメスフラスコに入れる．次に BTB 溶液 5.0 mL を正確にホールピペットで取り，同じ 50 mL のメスフラスコに入れる．標線まで水を加え，よく振って混和する (pH 9 の溶液).

(4) $0.1\,\mathrm{mol\,L^{-1}}$ KH_2PO_4 溶液 5.0 mL を正確にホールピペットで取り，50 mL のメスフラスコに入れる．次に $0.1\,\mathrm{mol\,L^{-1}}$ Na_2HPO_4 溶液 5.0 mL を正確にホールピペットで取り，同じ 50 mL のメスフラスコに入れる．最後に BTB 溶液 5.0 mL を正確にホールピペットで取り，同じ 50 mL のメスフラスコに入れる．標線まで水を加え，よく振って混和する (pH 7 の溶液).

(5) 分光光度計の波長調節ダイヤルを回して 400 nm に合わせる．MODE キーを押して T を

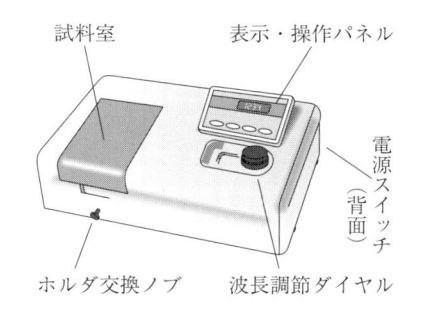
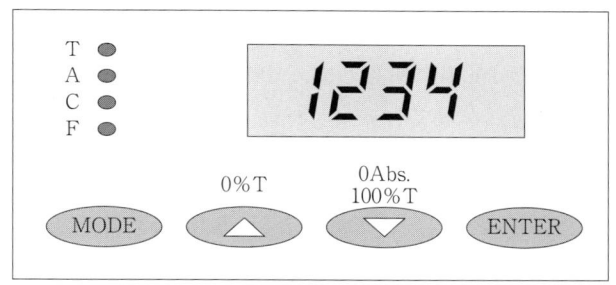

左から順に，機能切替，ゼロ調整，100調整，入力・決定のキーである

図 2.6.4　分光光度計の外観と表示・操作パネル

選択する (T は透過率測定モード．T にランプが点灯する)．

(6)　ホルダ交換ノブをカチッと音がするところまで静かに押し込め，一番手前のセルホルダに光が当たる位置にセットする．

(7)　試料室の蓋を開けて，黒ブロックを取り出して，蓋を閉じる．$\boxed{100\,\%\,T}$ キーを押して，デジタル表示が 100.0 になるように調整する．

(8)　試料室の蓋を開けて，一番手前のセルホルダに黒ブロックを挿入して蓋を閉じる．$\boxed{0\,\%\,T}$ キーを押して，デジタル表示が 0.0 になるように調整する．試料室の蓋を開けて黒ブロックを取り出す．

(9)　セルを保存容器から取り出し，純水でよく洗浄する．(注意：セルには透光面とスリガラスの面があり，手で触れてよいのはスリガラスの面である．透光面は測定時に光路となるので，手で触れて汚れを付けたり，不用意に扱って傷を付けたりしてはならない．石英やガラスのセルは，衝撃に弱いので，取り扱いに十分注意する．)

(10)　4 本のセルに，それぞれ 7 〜 8 割程度まで純水を入れる (多すぎるとこぼす可能性があるので注意)．キムワイプでセルの外側の水滴，汚れなどをきれいに拭き取る．

(11)　スリガラスの面が正面を向くように，4 本のセルをセルホルダに丁寧に入れて，試料室の蓋を閉じる．ホルダ交換ノブを動かして，一番大きな透過率を示すセルを選び，このセルをブランクとする．

(12)　試料室の蓋を開けて，ブランク以外のセル 3 本を取り出し，ブランクセルを一番手前のセルホルダに挿入して蓋を閉じる．このブランクを用いて，$\boxed{100\,\%\,T}$ キーを押して，改めてデジタル表示が 100.0 になるように調整する．

(13)　3 本のセル内の純水をすて，それぞれに，pH 5，pH 7，pH 9 で調製した BTB 溶液を共洗いした後入れ，キムワイプでセルの外側の水滴，汚れなどをきれいに拭き取り，試料室のセルホルダに順に挿入して，試料室の蓋を閉める．

(14)　次の (a) 〜 (c) を繰り返し，波長 400 〜 700 nm の範囲を 10 nm 間隔で透過率を測定する．なお，あらかじめ黒ブロックを用いてゼロ合わせをしてあるものとする．

　　(a)　波長調節ダイヤルを回して，測定する波長に合わせる．

(b) ホルダ交換ノブを動かして，ブランクセルを選び，$\boxed{100\,\%\ \mathrm{T}}$ キーを押して，数値表示を 100.0 に調整して，100 合わせをする (波長を変えたら必ず行う．怠ると無意味な測定となってしまう)．

(c) ホルダ交換ノブを動かして，各溶液の透過率を測定，記録する．

(15) すべての測定が終わったら，後片付けをする．その際，分光光度計の波長を 400 nm に設定し，ホルダ交換ノブを元に戻し，セルホルダに黒ブロックを挿入し，電源を確実に切り，防塵カバーを掛けること．セルは純水でよく洗浄し，保存容器に入れて保管する．なお，セルの汚れがひどい場合は申し出ること．

(16) 透過率 T' [%] を (2) 式を用いて吸光度 A に換算し，吸収スペクトルをパソコンで作成する．

$$A = -\log T = -\log \frac{T'}{100} = 2 - \log T' \tag{2}$$

[結果のまとめ方]

(1) 実験で測定した透過率 T' [%] を (2) 式を用いて吸光度 A に換算し，表を完成させる (表 2.6.2 参照)．

(2) 図 2.6.5 および図 2.6.6 を参考に 2 つの吸収曲線，透過率 T' [%]-波長 λ [nm] および吸光度 A-波長 λ [nm] の図を作成する．図中の凡例記入を忘れないこと．

(3) (2) の図から，各溶液の極大吸収波長 (吸光度 A が極大になるときの波長) を求め，表にまとめよ．また，正確な測定によれば，BTB の極大吸収波長は pH $= 9$ のとき 617 nm，pH $= 5$ のとき 433 nm である．

表 **2.6.2** ブロモチモールブルー (BTB) の吸収スペクトルの pH 依存性

波長 (Wave length) /nm	透過率 (Transmittance)/%			吸光度 (Absorbance)		
	pH $= 5$	pH $= 7$	pH $= 9$	pH $= 5$	pH $= 7$	pH $= 9$
400	22.2	27.3	40.1	0.654	0.564	0.397
410	19.1	25.6	44.1	0.719	0.592	0.356
420	16.5	24.4	52.0	0.783	0.613	0.284
⋮	⋮	⋮	⋮	⋮	⋮	⋮
⋮	⋮	⋮	⋮	⋮	⋮	⋮
⋮	⋮	⋮	⋮	⋮	⋮	⋮
480	31.0	40.0	67.7	0.509	0.398	0.169
490	39.8	45.2	60.3	0.400	0.345	0.220
500	50.4	50.3	52.3	0.298	0.298	0.281
⋮	⋮	⋮	⋮	⋮	⋮	⋮
⋮	⋮	⋮	⋮	⋮	⋮	⋮
⋮	⋮	⋮	⋮	⋮	⋮	⋮
690	100	88.6	72.8	0.000	0.053	0.138
700	99.9	93.0	83.1	0.000	0.032	0.080

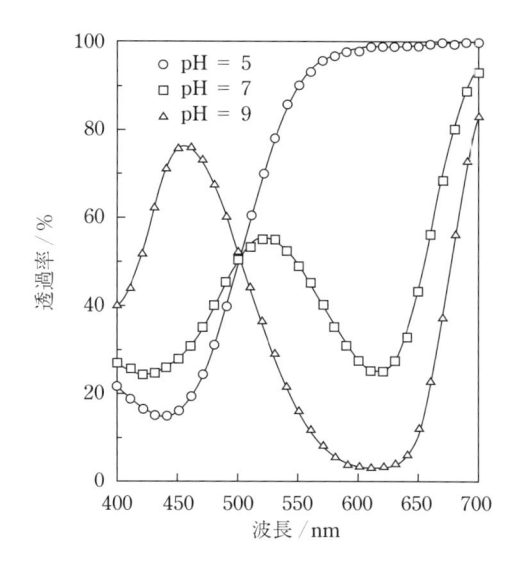
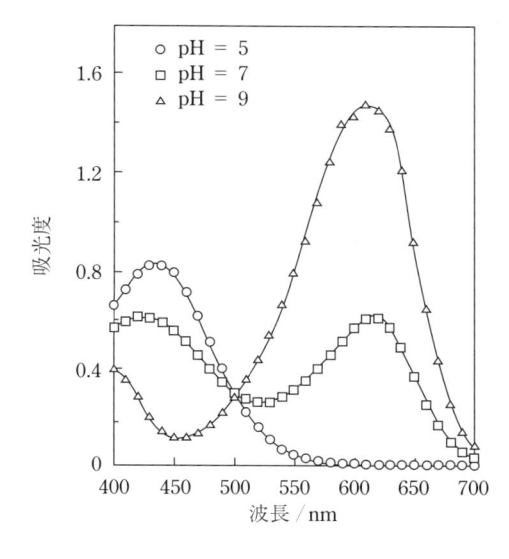

図 2.6.5　BTB の吸収スペクトル (透過率と波長の関係)

図 2.6.6　BTB の吸収スペクトル (吸光度と波長の関係)

[考察事項]

(1)　物質が吸収する光の波長および光の色と，実際に人間の目で見る物質の色の関係を，この章の [概説]，分析化学関連の文献を参考にまとめよ．

(2)　実験で得られた BTB の吸収スペクトルの極大吸収波長の色と溶液の色の関係について考察せよ．

(3)　溶液の pH によって，BTB の分子構造はどのように変化するか．本章の [参考資料] および分析化学，有機機器分析関連の文献を参考にして，説明せよ．

[発展考察課題]

　余力のある場合，次の項目に関してさらに深く考察せよ．

(1)　吸収曲線を詳細にみると，pH によらず溶液の吸光度 (もしくは透過率) がほぼ一定になる点が存在する．この点を等吸収点という．もし，等吸収点でのモル吸光係数と液層の厚み (光路長) が既知であるならば，等吸収点での吸光度を測定すれば，ランベルト-ベールの法則から溶質の濃度が算出できる (ランベルト-ベールの法則の詳細については第 7 章吸光光度分析法の [参考資料] を参照せよ)．この方法は，測定波長でのモル吸光係数が低いため感度が劣るものの，簡便に正確な濃度を算出できるという利点がある．

(a)　一般に，

$$X + nY \rightleftharpoons XY_n \tag{3}$$

のような平衡において，Y には吸収がなく，X と XY_n には吸収がある場合，等吸収点の波長では吸光度が溶液中の溶質 X の濃度のみに依存することを示せ．なお，本実験

では Y が H^+ の具体例である.

(b) 本実験では BTB の等吸収点での吸光度,BTB の濃度,および光路長が既知であるから,等吸収点でのモル吸光係数 ε_{BTB} $[\mathrm{L\,mol^{-1}\,cm^{-1}}]$ が算出できる.以下の計算例にしたがって,BTB のモル吸光係数を算出せよ.

計算例

図 2.6.6 では等吸収点は 500 nm であるから,吸光度の平均値は表 2.6.2 より,

$$\frac{0.298 + 0.298 + 0.281}{3} = 0.296$$

である.BTB 溶液の濃度は $4.00 \times 10^{-4}\,\mathrm{mol\,L^{-1}}$ を 10 倍に希釈したので $4.00 \times 10^{-5}\,\mathrm{mol\,L^{-1}}$ であり,光路長 l は 1 cm であるから,ランベルト-ベールの法則から,

$$\varepsilon_{BTB,500\,nm} = \frac{A}{lc} = \frac{0.296}{1 \times 4.00 \times 10^{-5}} = 7.40 \times 10^{3}\,\mathrm{L\,mol^{-1}\,cm^{-1}}$$

(2) 電子状態の変化に必要なエネルギーは物質によって固有であるので,電子遷移によって生じる吸収スペクトルは 1 本の吸収線 (線スペクトル) になるはずである.しかし,本実験で得られた吸収スペクトルは吸収極大をもつ,幅広の連続した吸収帯となっている.これはなぜか,説明せよ.

(3) その他,独自の考察を記せ.

1. 電磁波と分子のエネルギー

電磁波の波長 λ と振動数 ν は逆比例の関係にある.

$$\lambda = \frac{c}{\nu} \tag{4}$$

ここで c は光速である.電磁波は波動としての性質と,エネルギー E をもつ粒子 (光子) としての性質の二面性を有している.そのエネルギー E は波長 λ もしくは振動数 ν を用いて表される.

$$E = \frac{hc}{\lambda} = h\nu \tag{5}$$

この比例定数 h はプランク定数である.波長が短くなる (振動数が大きくなる) に従い,光のエネルギーは大きくなる.つまり赤外線よりも可視光,可視光よりも紫外線の方がより大きなエネルギーをもつ.

電磁波のエネルギー (もしくは波長または振動数) を横軸に,電磁波の強さ (強度) を縦軸にして,スペクトルを図示したものをスペクトル図といい,これを単にスペクトルということが多い.

分子がもつエネルギー E は,分子自体が空間を移動する並進運動エネルギーを除くと,分子内の電子がもつ電子エネルギー E_e,分子を構成する原子がその位置を変化させるときの振動エネルギー E_v,および分子自身の回転運動による回転エネルギー E_r を用いて書き表せる.

$$E = E_e + E_v + E_r \tag{6}$$

物質による電磁波の吸収は,分子が電磁波のエネルギーを吸収して,一番安定な状態 (基底状態)

からエネルギー的に高い別の状態 (励起状態) に変化する (遷移する) ときに起こる．基底状態と励起状態のエネルギー差が物質によって特異であるため，物質が吸収する電磁波のエネルギー，すなわち吸収波長も物質に固有の値となっている．電子状態の遷移による電磁波の吸収は，電子スペクトルとして真空紫外から可視・紫外の波長領域に得られる．振動状態の遷移の場合，振動スペクトルとして赤外から遠赤外領域に，回転状態の遷移の場合，回転スペクトルとして遠赤外からマイクロ波領域に得られる．本章では，特に電子状態間の遷移について，取り上げている (図 2.6.7，図 2.6.8 を参照).

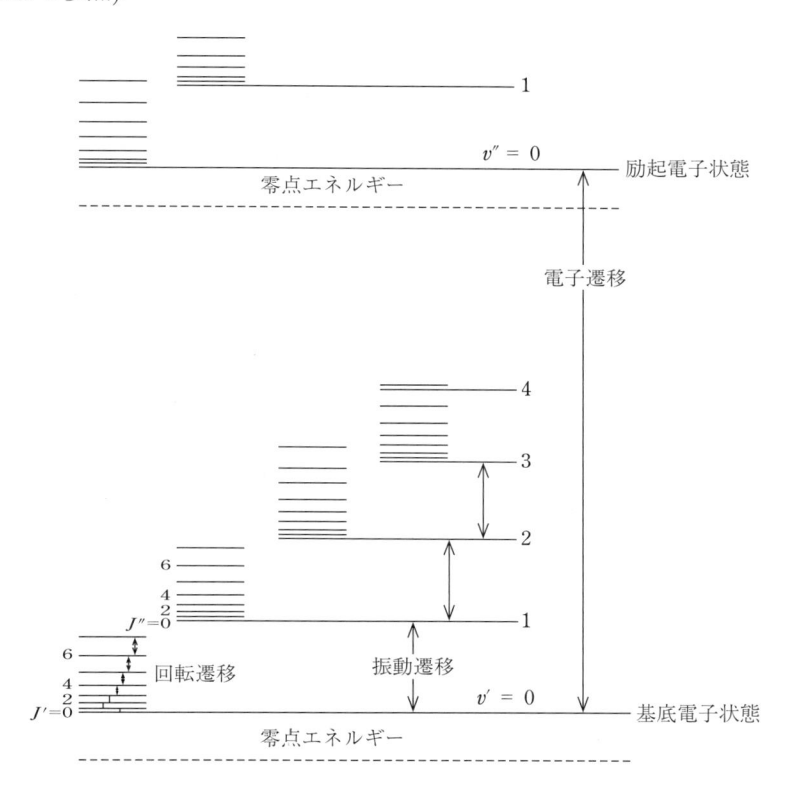

図 2.6.7 分子のエネルギー準位

電子，振動，回転の各エネルギー準位を模式的に示している．実際には，振動，回転エネルギー準位幅はもっと小さく，電子エネルギー準位幅は大きい．

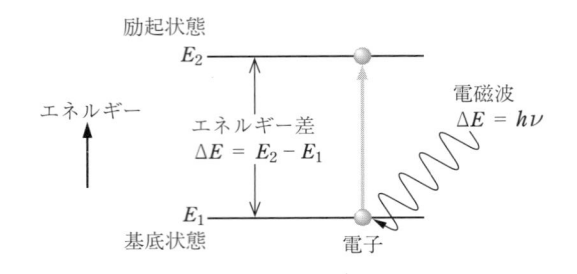

図 2.6.8 電子の状態遷移と電磁波の吸収
電子の基底状態と励起状態の間のエネルギー差に等し
いエネルギーを持つ電磁波 (振動数 ν) を吸収して，電
子状態の遷移が起こる.

2. pH 指示薬の変色

pH に伴う物質の色の変化を最も有効に利用しているものが，pH 指示薬 (酸塩基指示薬) である．pH 指示薬は一般に有機弱酸か弱塩基であり，溶液の pH に依存して水素イオン H^+ や水酸化物イオン OH^- の付加もしくは解離が起こり，溶液中では (7) 式と (8) 式のような解離平衡にある.

$$HA \rightleftharpoons H^+ + A^- \tag{7}$$

$$B^+ + OH^- \rightleftharpoons BOH \tag{8}$$

このため，pH 指示薬の分子構造は酸性側と塩基性側で大きく変化する．異なる分子構造をもつ物質はそれらに対応した電子状態をそれぞれもつので，吸収光のエネルギーすなわち光の波長が異なる結果，物質 (溶液) の色が酸性側と塩基性側で変化する.

(7) 式で示される弱酸 HA の酸解離定数 K_a は次式で表される.

$$K_a = \frac{[A^-] \times [H^+]}{[HA]} \tag{9}$$

上式の両辺について $-\log_{10}$ をとると，

$$-\log_{10} K_a = pK_a = -\log_{10} \frac{[A^-] \times [H^+]}{[HA]} = -\log_{10} \frac{[A^-]}{[HA]} - \log_{10} [H^+]$$

$$\therefore \quad pK_a = pH - \log_{10} \frac{[A^-]}{[HA]} \tag{10}$$

弱酸の酸性側と塩基性側の化学種濃度が等しくなる半解離点 (半転移点ともいう) では，$[HA] = [A^-]$ で，$-\log_{10} \{[A^-]/[HA]\} = 0$ となり，(10) 式から $pH = pK_a$ が導かれる.

代表的な pH 指示薬であるブロモチモールブルー (Bromothymol blue，BTB，分子量 624.38，$pK_a = 7.1$) は弱酸であり，その酸解離平衡は図 2.6.9 で表される．BTB の酸性側化学種の極大吸収波長は 433 nm 付近で，その水溶液は黄色に見える．一方，塩基性側化学種の極大吸収波長は 617 nm で，その水溶液は青色に見える．BTB の半解離点 ($pK_a = pH = 7.1$) 付近では，酸性側化学種と塩基性側化学種の両方が存在しているため，433 nm と 617 nm 付近の 2 ヵ所に吸収が

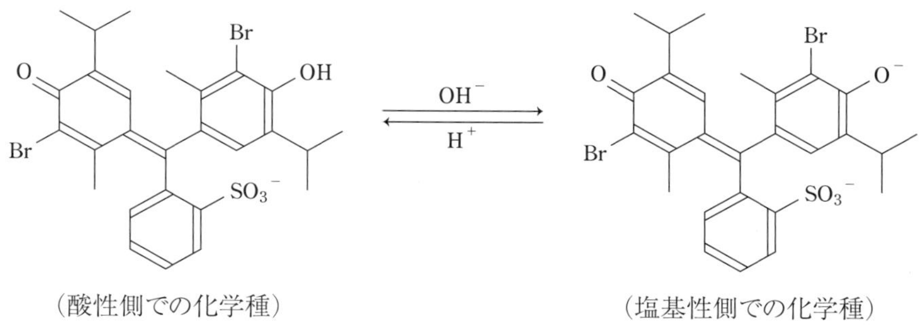

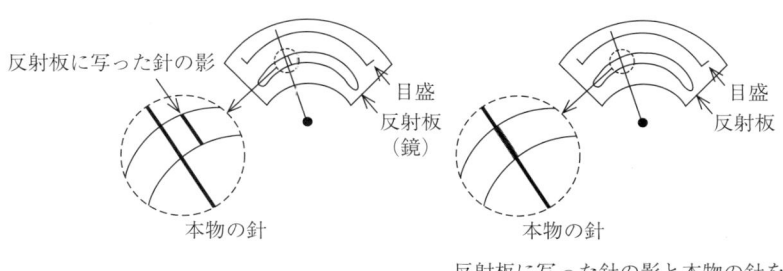

Br
O
OH
Br
SO3−
OH−
H+
Br
O
O−
Br
SO3−
（酸性側での化学種）
（塩基性側での化学種）

図 2.6.9　BTB の酸性側化学種と塩基性側化学種

ある．530 nm 付近の緑色の光は吸収されにくいため，pH 7 の水溶液は緑色に見える．なお，実際の溶液では吸収スペクトルに幅があるために，極大吸収波長の余色と若干異なって観察される．また，溶液の濃度によっても色調が異なって見える．

[参　考]

アナログ表示の分光光度計の目盛の読み方

アナログ表示の分光光度計の場合，以下のようにして目盛を読みとる．

反射板に写った針の影
目盛
反射板
（鏡）
本物の針
目盛
反射板
本物の針
反射板に写った針の影と本物の針を
ぴったり重ねて読みとる．
目盛の 1/10 まで読みとること．

図 2.6.10　分光光度計 (アナログ表示) の目盛の読み方

第7章　吸光光度分析法

[概　　説]

　ある物質の組成を定めるということは，日常生活においてもしばしば遭遇することである．化学の世界では分析化学という分野の定量分析に分類され，分析対象 (測りたいもの) や分析手法 (測り方) によって様々に分類されている．

表 2.7.1　定量分析法の分類

重量分析	化学的反応	沈殿の重量秤量法
	電気化学的反応	電解分析法
	熱分解反応	熱分析法
容量分析	中和反応	中和滴定
	酸化還元反応	酸化還元滴定
	沈殿生成反応	沈殿滴定
	錯形成反応	キレート滴定
機器分析	光学的分析法	吸光光度法 (比色法)，発光光度法
	電気化学的分析法	電位差分析，ポーラログラフィー
	放射線分析法	放射化学分析法
	磁気的分析法	NMR，質量分析

　第 2 章の COD の測定では，酸化還元滴定を応用した容量分析を行った．本章では物質の光学的性質を利用する機器分析である吸光光度法について，Fe^{2+}-ビピリジル錯体を用いた水溶液中の鉄イオンの定量実験を例にして学習する (物質そのものの光学的性質については第 6 章 BTB の吸収スペクトルの所で詳述する)．

　溶液の色とその溶液に溶けている溶質の濃度の間に関係があることは，かなり古くから知られていた．この溶液の色を目視で色見本と比較することで濃度を推定する方法は比色分析と呼ばれ，現在でも簡易測定法として実用されている．この方法を機械化し，一定の基準を基に標準化した分析手法が吸光光度法である．

[原　　理]
(1)　ランベルト-ベールの法則 (Lambert-Beer's law)

　詳細については，本章章末の参考資料を参照すること．

$$I = I_0 \times 10^{-\varepsilon cl} \tag{1}$$

$$T = I/I_0 = 10^{-\varepsilon cl} \tag{2}$$

$$A = -\log_{10} T = \varepsilon cl \tag{3}$$

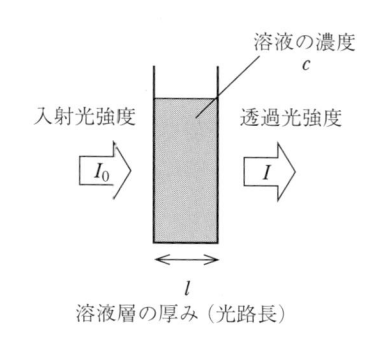

溶液の濃度 c

入射光強度 I_0 透過光強度 I

l

溶液層の厚み（光路長）

図 **2.7.1** ランベルト-ベールの法則

I：透過光の強度

I_0：入射光の強度

ε：モル吸光係数 $[\mathrm{L\,mol^{-1}\,cm^{-1}}]$（物質に固有な定数）

c：濃度 $[\mathrm{mol\,L^{-1}}]$

l：光路長 $[\mathrm{cm}]$（本章の実験では $l = 1\,\mathrm{cm}$）

T：透過度 [強度の比をとっているので単位はない，無次元量]

A：吸光度 [無次元量]

この式中の透過度 (T) とは入射した光のうちどれくらいの光が溶液層を通過できたかという比率を表しており，この T を 100 倍したものを透過率 ($T\%$) と呼んでいる．また吸光度は参考資料に示したような光の吸収量の積分計算から求められたもので，溶液濃度と溶液の厚みに比例することが示されている．ここで注意しなくてはならないこととしては，この吸光度の計算では対数の底が 10 になっていることである．

この式からもわかるように，測定したい物質に特有な吸収スペクトルと，その物質が最も特異的に吸収する光の波長 (特性吸収波長) がわかっていれば，この特性吸収波長における吸光度を測定することで溶液内の測定したい物質の濃度を知ることができる．

光路長 l が一定の場合，ランベルト-ベールの法則 (3) 式から，吸光度 A が濃度 c に比例することがわかる．そこで，本章の実験では，次の 2 種類の実験を行う．

実験 1 水溶液中の鉄イオンの濃度を変化させたときの吸光度を測定し，できる限り正確な検量線 (横軸に濃度，縦軸に吸光度をとったグラフ) を描く．あらかじめ正確な濃度がわかっている水溶液 (標準溶液という) を何種類かつくり，これらの吸光度を測定して，検量線を作成する．

実験 2 この検量線を用いて，濃度未知の水溶液の鉄イオンの濃度を測定する．

(2) 主な反応

本実験では吸光光度法の中でも，可視光線を用いた可視吸光光度法を用いて実験を行う．この分析方法は主として色の着いている溶液の測定に用いられる．

一般的に有機物のように構造が複雑で大きく，特定の官能基を有する分子は紫外または可視光線を吸収する．しかし，無機物質のように単純な構造で官能基などもない物質の多くは，可視光線の吸収が弱い．このため，こうした化合物の溶液の色は薄く，一般には紫外可視吸光光度法による定量は行わない．このような無機化合物の場合，特定の官能基 (配位子) を有し，このような無機物質と配位結合によって結合し，呈色物質 (可視光線を吸収できる物質，色のついた物質) を生成するような有機物 (キレート試薬と総称される) と反応させることで，溶液を発色させて可視吸光光度法で測定する方法が一般的である．

　本実験では鉄イオン総量の定量を行う．水溶液中では鉄イオンは Fe^{3+} と Fe^{2+} の 2 つの化学種が存在しており，人間の目にはそれぞれ赤茶色および淡緑色に見える．しかし可視光領域でのモル吸光係数が小さいため，濃度が薄くなってくると鉄イオン自体の色は薄くなり吸光光度法では定量できなくなってしまう．

　Fe^{2+} は次式によって，2,2′-ビピリジル (bpy) と pH 3 ～ 9 の水溶液中で反応して安定でモル吸光係数の高い水溶性錯体，トリス (2,2′-ビピリジル) 鉄 (II) イオンを生成し赤色を呈する (図2.7.2).

$$Fe^{2+} + 3\,bpy \xrightarrow{\text{pH 3} \sim 9} [Fe(bpy)_3]^{2+} \tag{4}$$
赤色錯体 (極大吸収波長 525 nm)

$N\frown N$ は $\underset{N\quad N}{\text{（ピリジン環2つ）}}$ を略記したものである．

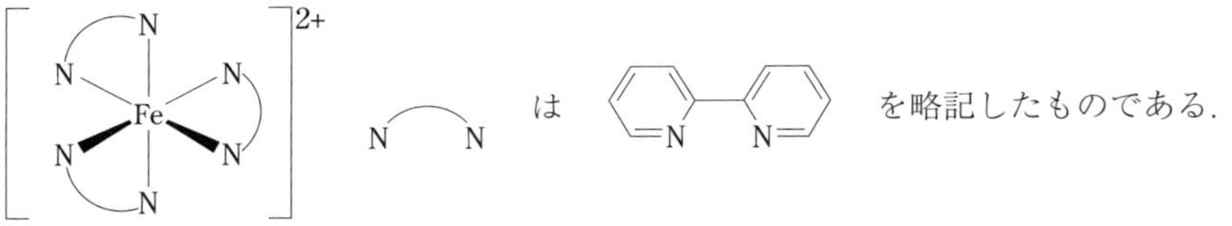

図 2.7.2　$[Fe(bpy)_3]^{2+}$ の構造

　この錯体を形成させ，水溶液中に存在する鉄イオン総量 (Fe^{3+} と Fe^{2+} の合計) を測定するためには，まずはじめに水溶液中の Fe^{3+} イオンをヒドロキシルアミン NH_2OH を用いて Fe^{2+} イオンに還元しておかなくてはならない ((5) 式)．その後，緩衝溶液を加えて水素イオン濃度を調節し，Fe^{2+} イオンと 2,2′-ビピリジル (bpy) が pH 3 ～ 9 の水溶液中で反応すれば，溶液は赤く呈色する．この赤い色に対応する 525 nm の光の吸光度から，溶液中の鉄イオン総量を定量することができる．

$$4\,Fe^{3+} + 2\,NH_2OH \xrightarrow{Fe^{3+}の還元} 4\,Fe^{2+} + 4\,H^+ + H_2O + N_2O \tag{5}$$

[予習事項]

(1)　[概説] を参考にして，この実験の「目的」を記せ．

(2)　「実験方法」を箇条書き，またはフローチャートで示せ．

(3)　表 2.7.2 を作り，測定した値をすぐに整理できるようにしておくこと．

[実　　　験]

器具

分光光度計 (波長 525 nm を使用)，測定用 10 mm セル 1 本，25 mL ロート付きビュレット，ビュレットスタンド，50 mL メスフラスコ 9 本，2 mL ホールピペット 1 本，1 mL，2 mL，5 mL 駒込ピペット各 1 本，100 mL ビーカー 1 個，洗ビン (500 mL：純水用，1000 mL：水道水用)，安全ピペッター，アダプター

試薬

Fe^{2+} 標準溶液 (1 mL 中に Fe^{2+} を 100 µg を含む)，0.1 % 2, 2'-ビピリジル ($C_{10}H_8N_2$) 溶液，1 % 塩酸ヒドロキシルアミン ($NH_2OH \cdot HCl$) 水溶液，酢酸・酢酸塩緩衝溶液 (pH 5.6)，未知試料溶液 (A, B の 2 種)

注 1　Fe^{2+} 標準溶液は本来濃度を維持するため，試薬ビン内に水などが入らないようにすること．また，ビュレットに入れる場合もビュレット内の水によって濃度が変わらないように少量の Fe^{2+} 標準溶液によって数回ビュンットを共洗いしてから加えること．

注 2　測定セルは表面に水滴が付かないように必ずキムワイプなどで拭いてから吸光度を測定すること．

注 3　測定セル内に溶液を入れるときは気泡が入らないようにして，セルの 7 ～ 8 割程度まで溶液を入れること．

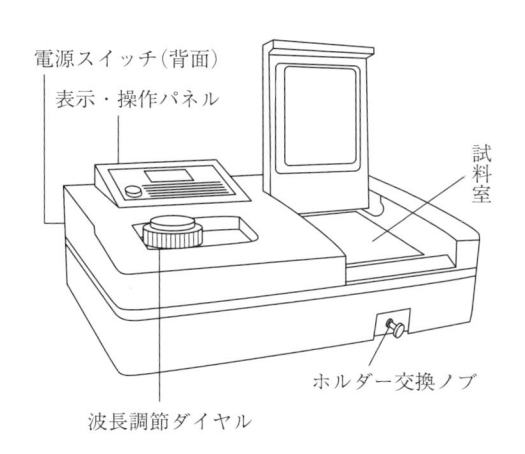

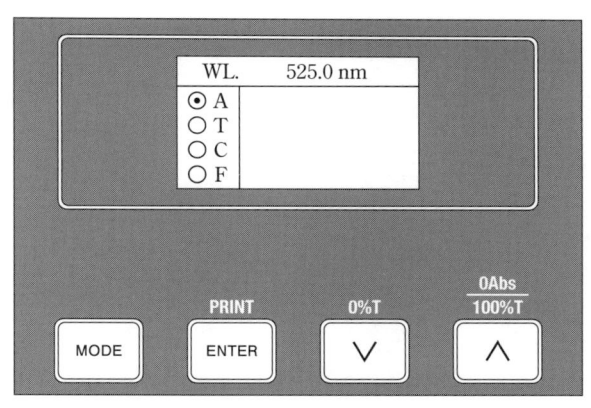

左から順に，機能切替，決定キー，ゼロ調整，100調整である

図 2.7.3　分光光度計の外観と表示・操作パネル

実験操作

1. 試料の調製

(1) 次の実験操作を行う前に分光光度計の電源を入れ，光源を安定させるため温めておく．

(2) 25 mL ロート付きビュレットに，Fe^{2+} 標準溶液を試薬ビンから直接入れる．少量の Fe^{2+} 標準溶液を入れ，共洗いを 3 回繰り返した後，上部 0 目盛より上まで入れる．コックを開いて溶液を流出させて空気抜きを行い，液面を 0 目盛にぴったり合わせて，コックを閉じる．

(3) 50 mL メスフラスコ 7 本に，ビュレットから Fe^{2+} 標準溶液を，0 (Fe^{2+} 溶液は入れない)，0.5，1.0，1.5，2.0，2.5，3.0 mL，それぞれできる限り正確に入れる (Fe^{2+} 標準溶液 0 mL のものを空試験溶液とする)．

(4) 未知試料溶液 A および B は 2 mL のホールピペットを用いて正確に 2.00 mL を測り取り，それぞれ別の 50 mL メスフラスコに入れる．なお，2 mL ホールピペットを使用する際には，アダプターを安全ピペッターに装着して使用する．

(5) 操作 (3), (4) の 9 本のメスフラスコすべてに，1 % 塩酸ヒドロキシルアミン溶液 1 mL を駒込ピペットで加え，混ぜ合わせて 5 ～ 10 分放置する (過剰量加えるので，駒込ピペットでおよその体積を測ればよい)．

(6) 上の 9 本のメスフラスコすべてに，2 mL 駒込ピペットで pH 5.6 の酢酸・酢酸塩緩衝溶液を 2 mL，5 mL 駒込ピペットで 0.1 % 2,2′-ビピリジル溶液を 5 mL 加えて混ぜ合わせ，純水を加えて正確に 50 mL の標線にあわせる．ふたをした後，逆さまにしてよく混和し，さらに 15 分放置して十分に発色させる (緩衝溶液とビピリジル溶液は過剰量加えるので，駒込ピペットでおよその体積を測ればよい)．

(7) Fe^{2+} 標準溶液を濃度が薄い順番に並べ，さらに肉眼で未知試料溶液の色の濃さを各 Fe^{2+} 標準溶液の色の濃さと比較し，未知試料のおよその濃度を予想しておく．

2. 試料の測定

(1) 分光光度計の操作キーパッド上にあるモニターで A の左隣を ⊙ になるように $\boxed{\text{MODE}}$ キーを何度か押す．

(2) 試料室の蓋を開けて，セルが入っていないことを確認する．

(3) ホルダ交換ノブをカチッと音がするところまで静かに押し込み，一番手前のセルホルダに光が当たる位置にセットする．

(4) 試料室の蓋を閉めて，波長調節ダイヤルを回して，波長を 525.0 nm に合わせる．

(5) 0 % T ボタン $\boxed{\vee}$ を一度押す．

(6) モニターに Darking...Please Wait... と表示された後，0.000 A などの数値が出るまで待つ (0.000 A にならなくても問題ないので，次の操作に進む)．

(7) セルを保存容器から取り出し，純水でよく洗浄する．(注意：セルには透光面とスリガラスの面があり，手で触れてよいのはスリガラスの面である．透光面は測定時に光路となるので，手で触れて汚れを付けたり，不用意に扱って傷を付けてはならない．石英やガラスのセ

(8) Fe^{2+} 標準溶液 $0\,mL$ の空試験溶液 (透明) をセルに入れる. 少量入れセル全体になじませてから, 共洗い操作を 3 回行う. 4 回目にセルの上部から約 $1\,cm$ 位まで, 空試験溶液を入れること. 気泡が入っていないことを確認し, キムワイプでセルの外側の水滴, 汚れなどをきれいに拭き取る.

(9) セルを一番手前のセルホルダにセットする.

(10) 試料室の蓋を閉め, $\dfrac{0\,\text{Abs}}{100\,\%\,\text{T}}$ ボタン $\boxed{\wedge}$ を押し, $0.000\,A$ と表示されるのを待つ.

(11) セルを取り出し, 溶液を廃液ビーカーに廃棄する. その後, 十分に発色した Fe^{2+} 標準溶液 $0.5\,mL$ の試料溶液を試料セルの上部から約 $1\,cm$ 位まで入れる. ただし, セルには必ず共洗いをしてから入れること. 気泡がないことを確認し, セルの外側をキムワイプで拭いてから試料室に入れ, 吸光度を測定し, 表 2.7.2 に記載してあるように, 吸光度実験値を記録する. 測定が終わったら, 試料セル内の溶液は廃液ビーカーに捨てる.

(12) Fe^{2+} 標準溶液 1.0, 1.5, 2.0, 2.5, 3.0 mL の試料溶液, および未知試料溶液 A, B についても (11) と同様にして, 薄い色の溶液から順に吸光度を測定し, 記録する.

(13) Fe^{2+} 標準溶液の吸光度実験値が, Fe^{2+} 濃度に対して, 直線的に変化しているか確認し, 大きくずれた点があれば, 再度溶液調製からやり直す.

表 2.7.2 Fe^{2+}-2,2′-ビピリジル吸光光度法の実験結果

メスフラスコ No.	Fe^{2+} 標準液 /mL	Fe^{2+} 濃度 /µg mL^{-1}	吸光度実験値	吸光度推定値
1	0	0	0.000[*1]	0.008[*2]
2	0.50	1.00	0.163[*1]	0.160[*2]
3	1.00	2.00	0.318[*1]	0.313[*2]
4	1.50	3.00	0.470[*1]	0.465[*2]
5	2.00	4.00	0.615[*1]	0.617[*2]
6	2.50	5.00	0.770[*1]	0.769[*2]
7	3.00	6.00	0.918[*1]	0.922[*2]
試料 A	—	2.98[*3]	0.462[*1]	—
試料 B	—	1.62[*3]	0.254[*1]	—

注意 (*1) には, 測定した実験値を記入.
(*2), (*3) には, **3.** の計算例のようにして得られた実験式 $y = ax + b$ から計算した, 吸光度推定値 y および Fe^{2+} 濃度 x の値をそれぞれ記入.

3. 計算

回帰直線の計算

原理の中でも述べたとおり, ランベルト-ベールの法則では, 溶液中の呈色物質の濃度と溶液の吸光度の間に比例関係が成り立っている. このことは図 2.7.4 に書き込んだ測定値がほぼ直線上

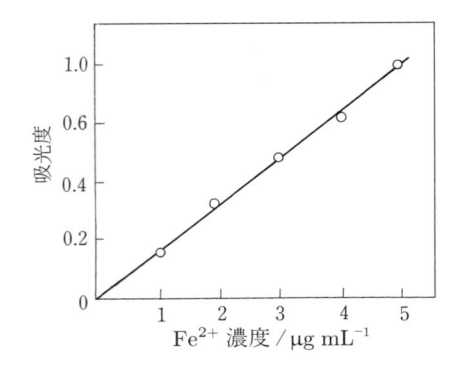

図 **2.7.4**　鉄イオンの検量線

表 **2.7.3**　最小二乗法の計算例

x	y	xy	x^2
0	0	0	0
1.00	0.163	$1.00 \times 0.163 = 0.163$	1.00
2.00	0.318	$2.00 \times 0.318 = 0.636$	4.00
3.00	0.470	$3.00 \times 0.470 = 1.41$	9.00
4.00	0.615	$4.00 \times 0.615 = 2.46$	16.0
5.00	0.770	$5.00 \times 0.770 = 3.85$	25.0
6.00	0.918	$6.00 \times 0.918 = 5.508$	36.0
$\sum x = 21.00$	$\sum y = 3.254$	$\sum xy = 14.027$	$\sum x^2 = 91.0$

に配列していることからも確認できる (このような横軸に濃度，縦軸に吸光度をとったグラフを検量線と呼ぶ)．そこで，この直線を表す実験式を，最小二乗法によって計算する．なお，電卓の「統計計算」機能やパソコンの表計算，統計処理ソフト使って計算することも可能である．

　最小二乗法では，実験データを近似的に表す実験式を多項式とし (1 次式ならば直線，2 次式ならば放物線)，実験データと実験式とのずれを二乗した値の合計が最小になるように，多項式の各係数を定める．これによって，実験データに最もフィットする実験式が計算されることになる．このようにして得られた実験式を，回帰曲線 (1 次式ならば回帰直線) という．いまの場合，実験データは直線になるはずなので，実験式は，1 次式 $y = ax + b$ に近似することになる．ここで，x が Fe^{2+} 濃度 $[\mu g\, mL^{-1}]$，y が吸光度 A である．この式の係数 a, b は，最小二乗法では，次の式で計算される．

$$a = \frac{n(\sum xy) - (\sum x)(\sum y)}{n(\sum x^2) - (\sum x)^2} \tag{6}$$

$$b = \frac{(\sum y) - a(\sum x)}{n} \tag{7}$$

ここで n は実験データの数，$\sum$ は和記号で合計を取ることを意味している．

実験式の係数 a, b の計算例

表 2.7.3 の値より

$$a = \frac{7 \times (\sum xy = 14.027) - (\sum x = 21) \times (\sum y = 3.254)}{7 \times (\sum x^2 = 91) - (\sum x = 21)^2}$$

$$= \frac{98.189 - 68.334}{637 - 441} = \frac{29.855}{196} = 0.152$$

$$b = \frac{(\sum y = 3.254) - (a = 0.1523) \times (\sum x = 21)}{7}$$

$$= \frac{3.254 - 3.1983}{7} = 0.008$$

注　表中の $x = 0$, $y = 0$ の点はブランクを用いて 0 点調整をしているため，ひとつの測定点として使用できる．このため上の計算例では $n = 7$ となっているのである．

よって実験結果より得られた実験式は

$$y = 0.152 \times x + 0.008$$

表 2.7.2 Fe^{2+}-2,2$'$-ビピリジル吸光光度法の吸光度推定値は，この式の x に 0 から 6 の数値を代入して計算した値である．

また，試料溶液 A, B の Fe^{2+} 濃度も，この実験式に試料溶液 A および B の吸光度測定値をそれぞれ y に代入して，測定溶液中の濃度 x を求めた値である．

未知試料の希釈する前の濃度計算例

これまでの Fe^{2+} 濃度は 50 mL メスフラスコで測容したときの濃度である．実試料の測定を行った場合にも，検量線から得られる濃度は 50 mL メスフラスコで測容したときの濃度であることに注意して，もとの試料溶液中の濃度に換算する必要がある．

試料溶液 A および B は，もとの試料溶液 A および B を 2.00 mL 取って 50 mL メスフラスコ中で反応させている．このため，もとの試料溶液中の濃度は測定した濃度の 25 倍となる．たとえば，表 2.7.2 の試料溶液 B では測定濃度が 1.62 μg mL^{-1} であるから，もとの試料溶液 B 中では 1.62 × 25 = 40.5 μg mL^{-1} となる．

結果として報告する場合は，もとの試料溶液中の濃度に換算した値を用いること．

[結果のまとめ方]

(1)　計算例を参考にして表 2.7.2 および表 2.7.3 に測定した数値を書き込み，検量線の図を作成せよ．

(2)　未知試料 A と B の希釈する前の濃度を求めよ．

[考察事項]

(1)　溶液濃度と光路長の変化は，光の吸収とどのような関係があるか．この章の [原理]，分析化

学関連の文献を参考に，簡潔にまとめよ．

(2) 操作中に起こる反応を踏まえ，2,2′-ビピリジル，塩酸ヒドロキシルアミン，緩衝溶液を加える理由を考察せよ (できるだけ反応式を使用して説明すること)．

(3) 本実験の操作をよく読み，誤差の生じる原因と，その大きさについて考察せよ．

[発展考察課題]

余力のある場合，次の項目に関してさらに深く考察せよ．

(1) 吸光光度法と機器分析の他の分析手法を比較して長所短所を比較せよ．

(2) その他，独自の考察．

参考資料

光の吸収に関する諸法則

電磁波，すなわち光はその波長に応じたエネルギーをもった粒子 (光子) であり，光が物質に吸収されるためには，物質と光子の衝突が必要である．その衝突回数は光子の数 (光の強度) と物質の数 N に比例する．

濃度 c の溶液があり，その溶液層の厚み (光路長) が l，断面積が $S\,(= xy)$ であるとする (図 2.7.5 参照)．この溶液層に強度 I_0 の光が入射し，溶液層を透過した後，強度が I になる．このとき，微小の厚さ $\mathrm{d}l$ の薄層部分を考える．$\mathrm{d}l$ を通過した後，光の強度の減少量 $(-\mathrm{d}I)$ は，(8) 式で表される．

$$-\mathrm{d}I = k'NI \tag{8}$$

k' は比例定数である．この薄層部分の体積は $S\,\mathrm{d}l$ であり，$S\,\mathrm{d}l$ 中に存在する物質の数 N は，アボガドロ数 N_A を用いて (9) 式で表される．

$$N = N_\mathrm{A}cS\,\mathrm{d}l = k''c\,\mathrm{d}l \tag{9}$$

k'' は比例定数である．よって，(8) 式は，

$$-\mathrm{d}I = k'k''cI\,\mathrm{d}l = kcI\,\mathrm{d}l \tag{10}$$

となる．ただし，$k = k'k''$ である．溶液層全体を考えるには，(10) 式を強度 I に関して I_0 から

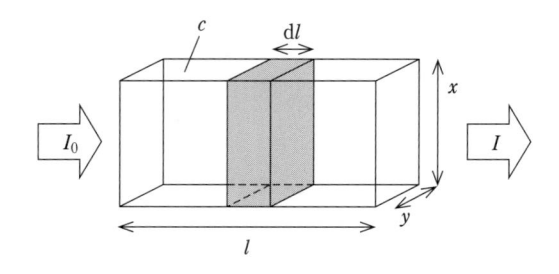

図 2.7.5 Lambert-Beer の法則

I まで，液層の厚み (光路長)l に関して 0 から l まで積分すればよい．

$$-\int_{I_0}^{I} \frac{\mathrm{d}I}{I} = kc \int_0^l \mathrm{d}l$$

$$[-\ln I]_{I_0}^{I} = kc[l]_0^l$$

$$\ln I_0 - \ln I = \ln \frac{I_0}{I} = kcl$$

ここで $\ln A = \log_e A$ であり，底が e の自然対数である．この $\ln$ を底が 10 の常用対数 ($\log_{10}$ で通常底の 10 は省略して $\log$ と書く) に置き換えるには

$$\ln A = \frac{\log A}{\log e} = \left(\frac{1}{0.43429 \cdots} \right) \times \log A = 2.30258 \cdots \times \log A \fallingdotseq 2.303 \times \log A$$

したがって

$$\ln \frac{I_0}{I} = 2.303 \times \log \frac{I_0}{I}$$

$$2.303 \log \frac{I_0}{I} = kcl$$

$$\log \frac{I_0}{I} = \frac{k}{2.303} cl \tag{11}$$

となる．よって，透過光の強さ I は溶液の濃度 c および溶液層の厚み (光路長) l の増加に伴い，指数関数的に減少する．ここで透過度 T と吸光度 A を次のように定義する．

$$T = \frac{I}{I_0} \tag{12}$$

$$A = \log \frac{I_0}{I} = -\log \frac{I}{I_0} = -\log T \tag{13}$$

実際に吸光度を求める実験では，透過度 T は百分率表示し，透過率 $T\,[\%]\,(=100\,T)$ として測定し，吸光度に変換することが多い．

　以下に，光の吸収に関する法則を挙げる．

(1) ランベルト (Lambert) の法則―吸光度と光路長の関係―

　ある波長の単色光が厚さ l の均質な媒体を通過するとき，入射光と透過光の強度をそれぞれ I_0，I とすると，

$$-\log \frac{I}{I_0} = -\log T = A = K_l \cdot l \tag{14}$$

の関係がある．ここで，K_l はその媒体に特有の定数であり，媒体を入れた容器の吸収，反射などは無視できるものとする．この関係は，ランベルト (Lambert) の法則 (1760 年) と呼ばれている．

　この媒体が溶液の場合，溶液の濃度 c が一定であるならば，(11) 式と (13) 式を用いて，(14) 式が導出される (K_l は比例定数)．すなわち，吸光度 A は溶液層の厚み (光路長) l に比例する．

(2) ベール (Beer) の法則—吸光度と濃度の関係—

溶液層の厚み (光路長) l が一定であるならば，I_0, I の関係は，

$$-\log \frac{I}{I_0} = -\log T = A = K_c \cdot c \tag{15}$$

となり，吸光度 A は溶液の濃度 c に比例する (K_c は比例定数)．この関係をベール (Beer) の法則 (1852 年) という．この (15) 式は，(11) 式と (13) 式を用いて，導出できる．

ランベルトの法則はほとんど例外なく成立するが，ベールの法則があてはまらないことがある．これは錯体形成，水和，重合，解離，液性や温度の変化などにより，溶液中で溶質の組成と構造が変化することがあるためである．

(3) ランベルト-ベール (Lambert-Beer) の法則—吸光度と濃度および光路長の関係—

ランベルトの法則とベールの法則を組み合わせると，I_0, I，溶液の濃度および光路長の関係，すなわち吸光度，溶液の濃度および光路長の関係がランベルト-ベール (Lambert-Beer) の法則として (16) 式で表される．

$$-\log \frac{I}{I_0} = -\log T = A = \varepsilon c l \tag{16}$$

ここで ε は比例定数であるが，溶液の濃度 c が $1\,\mathrm{mol\,L^{-1}}$ で，溶液層の厚み (光路長) l を $1\,\mathrm{cm}$ のときの ε を特にモル吸光係数という (ε の単位は $[\mathrm{L\,mol^{-1}\,cm^{-1}}]$)．モル吸光係数 ε は波長，測定条件 (温度や pH など) によって決まる物質固有の値である．

(4) 吸光度の加成性

溶液中の物質 X と Y の濃度がそれぞれ c_X, c_Y であるとき，測定される吸光度 A は測定波長における各々の吸光度 A_X, A_Y の和として得られる．

$$A = A_X + A_Y = \varepsilon_X c_X l + \varepsilon_Y c_Y l = (\varepsilon_X c_X + \varepsilon_Y c_Y) l \tag{17}$$

多成分の溶液の場合は，ある波長における吸光度 A は，各成分のその波長での吸光度の和として表される．

$$A = \sum A_i = l \sum \varepsilon_i c_i \tag{18}$$

なお，透過度，透過率にはこのような加成性はない．

参考図書

分析化学関係の書籍

第8章　金属の電気化学列

[概　説]

　金属には，陽イオンになりやすいものと，なりにくいものがある．一般的によく取り扱われる金属を，陽イオンへのなりやすさの順に並べると，

　　　　K Ca Na Mg Al Zn Fe Ni Sn Pb (H) Cu Hg Ag Pt Au

　水素 (H) は金属ではないが，陽イオンになりやすいため，この順番の中に組み込まれている．そしてこの順番は，正式には「金属の電気化学列」と称される．

　実はこの「金属の電気化学列」は，金属を標準電極電位 (付録 p.129) の値が小さいものから順に並べたものである．標準電極電位は熱力学の諸法則から導かれる「電気的な仕事をする能力」を表しており，付録では，水素を基準 (0 V) にしている．この標準電極電位の値が小さいほど，金属は電子を放出しやすい (陽イオンになりやすい) と考えてよい．

　2 種類の金属，Cu と Ag では，標準電極電位は前者が 0.337 V，後者が 0.799 V で，Cu の方が電子を放出しやすい．そのため，Cu 板を Ag^+ を含む水溶液に入れると，標準電極電位の小さい Cu から電子が放出されて (酸化されて) Cu^{2+} となり，Ag^+ がその電子を受け取って (還元されて)，Ag が析出する．

$$
\begin{array}{lll}
Cu & \longrightarrow Cu^{2+} + 2e^- & -0.337\,V \\
+)\quad \underline{2\,Ag^+ + 2e^- \longrightarrow 2\,Ag} & & \underline{0.799\,V} \\
Cu \quad + 2\,Ag^+ \longrightarrow Cu^{2+} + 2\,Ag & & +0.462\,V
\end{array}
$$

　ここで，Cu が Cu^{2+} になる反応は，標準電極電位の反応式とは逆なので，標準電極電位の値がマイナスになっていること，Ag^+ の係数が 2 であるが，標準電極電位の値はそのまま 0.799 V であることに注意しなければならない．標準電極電位の差 (Cu の値にマイナスをつけたので「差」になると考えてよい)，+0.462 V は，起電力と呼ばれ，この反応のしやすさの目安となる．一般に起電力の値が大きいほど，反応は激しく起こる (詳しくは，p.41 の参考資料を参照).

　金属の電気化学列はわれわれの生活にも深く関係している．たとえば電池は，標準電極電位の差を利用して，化学反応のエネルギーを電気的なエネルギーに変換している．また金属の腐食も，局部的に起電力を生じ，電子の授受が行われる結果である．

　そこで本実験では，まず鉄の腐食の様子を観察し，その原因や機構を，電気化学列との関係から明らかにし，さらに種々の金属と金属陽イオンを含む水溶液を組み合わせて，反応の様子を観察し，それらの反応と電気化学列との関係を調べる．

[予習事項]

(1) [概説] を参考にして，この実験の「目的」を記せ．

(2) 「実験方法」を箇条書き，またはフローチャートで示せ．

[実　　験]

器具

5 mL，3 mL 駒込ピペット各3本，ピンセット，メスシリンダー 50 mL，シャーレ (ペトリ皿) (大2個，小2個)，300 mL，200 mL ビーカー各1個，50 mL トールビーカー1個，試験管 (12 本)，試験管立，ガラス棒，ガラス管，1000 mL，500 mL 洗ビン各1個，ゴム栓付ワニ口クリップ，顕微鏡，エメリーペーパー (紙やすり)，ボウル，温度計，ホットハンド，透明ビーカースタンド1個

試薬

0.1 M-NaOH，0.05 M-H$_2$SO$_4$，3 M-H$_2$SO$_4$，0.1 M-NaCl，0.1 M-HCl，6 M-HCl，0.3 M-K$_3$[Fe(CN)$_6$]，粉末ゼラチン，Cu^{2+} 溶液，Ag$^+$ 溶液，Pb^{2+} 溶液，Sn^{2+} 溶液，Cu，Zn，Sn，Fe，アルコール，セロファン，フェノールフタレイン

実験操作

実験I　鉄の腐食を調べる

2人1組の場合，(1) と (2) をそれぞれが分担し，同時進行で実験を行うこと．サンドペーパー，アルコール含浸ガーゼは各班で1枚を使用し，使用後は容器に戻さず，ゴミ箱に廃棄する．実験中は必ず安全メガネを着用すること．

(1) 鉄と種々の水溶液との反応

  (a) 5本の試験管のそれぞれに，サンドペーパーで磨いた，きれいな鉄釘 (短い方の鉄釘) を鋭い先端を上にして入れる．

  (b) 各試験管に次の溶液をそれぞれ釘が浸るまで同じ量の溶液を加える．

   0.1 M-NaOH，0.05 M-H$_2$SO$_4$，0.1 M-NaCl，0.1 M-HCl，純水

  (c) 途中の溶液の呈色の変化を観察しながら，反応中の変化の様子 (呈色の変化，泡の大きさや強弱，変化が生じている鉄釘の場所など) を記録する．約1時間経時観察した後，試験管内の鉄釘と溶液を観察しながらスケッチをする．次に 0.3 M-K$_3$[Fe(CN)$_6$] 水溶液を1滴ずつ各試験管に加え，試験管を振りまぜずに溶液の色や釘の様子を観察，スケッチをする．

(2) 2種の金属を接触させた場合に起こる反応

  (a) 200 mL ビーカーに純水を約 100 mL とり沸騰させる．

  (b) 沸騰したら火を止め，ゼラチンを薬さじの大きい方で軽く1杯加え，ガラス棒をもちいて，静かによく撹拌して溶解する (ゼラチンが溶けないときは，沸騰しないよう弱火で加

熱し，完全に溶解する).

(c) 溶液を室温まで冷却する (ボウルを使った水浴あるいは氷浴を利用するとよい).

(d) ゼラチン溶液に 0.3 M-K$_3$[Fe(CN)$_6$] 水溶液を 3, 4 滴とフェノールフタレイン溶液 3, 4 滴を加えてガラス棒でよく撹拌する.

(e) 長い鉄釘 2 本をアルコール含浸ガーゼで洗浄した後，1 本にサンドペーパーで磨いた銅線を密着するようにして巻きつける.

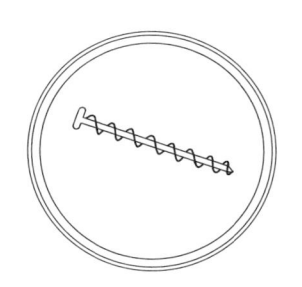

図 **2.8.1** 実験 I (2) のシャーレ (ペトリ皿)

注意：この実験に用いる鉄釘はサンドペーパーで磨いてはならない.

(f) シャーレ (ペトリ皿) (大) を 2 個用意し，(e) で用意した 2 本の鉄釘 (長い方の鉄釘) をそれぞれに入れ (図 2b)，ゼラチン溶液を釘が完全に浸るまで入れ，各班，所定の白い紙を置いた観察台上に静かに移動させ，変化の様子を，1 時間経時観察する (呈色の様子を各自工夫して図示せよ. ゼラチン溶液はコロイド粒子の性質を示すので，溶液中に溶出した鉄イオンの拡散の様子がよく観察できる. たとえば，どのような部位からどんな方向に呈色していくか変化がわかるように観察スケッチを行うなど). 観察中は振動を与えないように注意すること.

注　色の変化がわかりやすいようにシャーレ (ペトリ皿) の下にろ紙など白い紙を敷くとよい.

実験 II　金属と金属イオンとの反応

(1) 3 本の試験管に 6 M-HCl を約 2 mL ずつ入れ，粒状亜鉛，粒状スズ，銅粒をそれぞれ 2 粒，別々に加え，変化の様子を観察する.

(2) (1) と別の試験管に Cu^{2+} 溶液を約 2 mL 入れ，磨いた鉄線を 1 本浸して変化の様子を観察する.

(3) (1), (2) と別の試験管に Ag$^+$ 溶液を約 2 mL 入れ，6 M-HCl を 1 滴加えよくかきまぜて AgCl 沈殿をつくる. これに粒状亜鉛を 2 粒加え，変化の様子を観察する.

(4) (1) ～ (3) と別の試験管に Sn^{2+} 溶液を約 2 mL 入れ，粒状亜鉛を 2 粒加えて変化の様子を観察する.

(5) スズ樹をつくる実験

(a) 透明ビーカースタンドに 50 mL トールビーカーを置き，トールビーカーに Sn^{2+} 溶液を駒込ピペットで 5 mL 静かに入れる. さらに純水をトールビーカーの目盛で 10 mL になるまで注ぎ入れる.

(b) ガラス管の口にセロファンをあて，固くゴム輪をはめて固定し，セロファンの面を下になるように (a) のトールビーカー内に静置させる.

(c) ガラス管の中に 3 M-H$_2$SO$_4$ を内外両液の液面が等しくなるように入れる.

(d) 銅線 (先端はサンドペーパーで磨いておく) とゴム栓のついたワニ口クリップに亜鉛板を

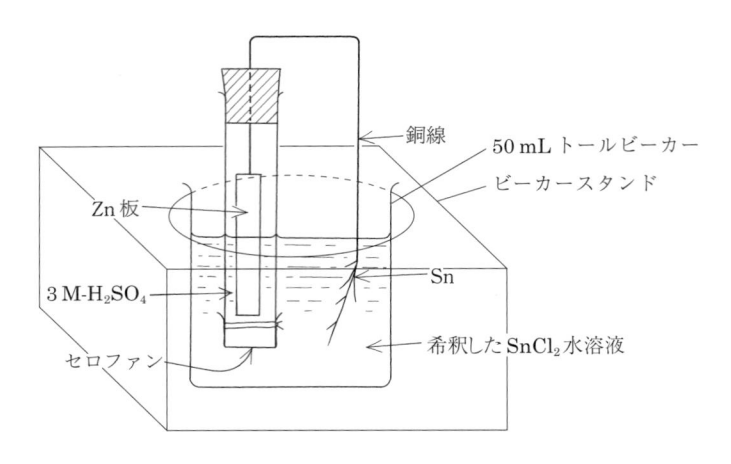

図 2.8.2 実験 II (5) スズ樹をつくる実験

挟み，ガラス管に固定する．

(e) 銅線の他端を Sn^{2+} 溶液に少し触れさせて，しばらく放置すると銅線の先端に金属が析出するので，一部を取り出して顕微鏡で観察する (図 2.8.2)．

(6) シャーレ (ペトリ皿) (小) に Ag^+ 溶液を約 3 mL 入れ，銅粒を 2 粒加えて，析出した金属を顕微鏡で観察する．

(7) シャーレ (ペトリ皿) (小) に Pb^{2+} 溶液を約 3 mL 入れ，粒状亜鉛と粒状スズを 1 粒ずつ同時に加えて，析出した金属を顕微鏡で観察する．

注 色の変化がわかりやすいようにシャーレ (ペトリ皿) の下に白い紙を敷くとよい．

[結果のまとめ方]

(1) 実験 I (1) について，各溶液を入れたときの鉄釘の変化の様子，$K_3[Fe(CN)_6]$ を加えたときの溶液の色の変化，沈殿の有無を図示 (色鉛筆を使ってよい) し，それぞれの変化について説明文をつけよ．

(2) 実験 I (2) について，Fe^{2+} と $K_3[Fe(CN)_6]$ との反応やフェノールフタレインによる色の変化が，鉄釘のどの部分でより大きくみられるか．また，その色の変化が銅線を巻いた場合と巻かない場合で違いがあるか否かについて，はっきりわかるように図示せよ (色鉛筆を使うとよい)．

(3) 実験 II (1) 〜 (7) について，変化の様子や顕微鏡で観察した結果を，その特徴がはっきりわかるように図示し (色鉛筆を使ってよい)，解説を加えよ．

[考察事項]

酸化還元反応式の作り方は p.41 参考資料を参照すること

(1) 鉄釘の腐食では，$Fe \longrightarrow Fe^{2+} + 2e^-$ の反応によって Fe^{2+} が溶出する．

Fe^{2+} は，$K_3[Fe(CN)_6]$【化学名：ヘキサシアノ鉄 (III) 酸カリウム，別名：フェリシ

アン化カリウム (赤血塩)】の水溶液を加えると，以下の反応により濃青色の可溶性の $KFe(III)[Fe(II)(CN)_6]$：プルシアンブルー (ターンブルブルー) が生成することで確認できる．

$$Fe^{2+} + K_3[Fe(CN)_6] \longrightarrow KFe(III)[Fe(II)(CN)_6] + 2K^+$$

実験 I (1) では，各試験管での鉄釘の腐食の有無を確認し，鉄釘が腐食した場合には，その酸化還元反応の反応式を作り，腐食のメカニズムを説明せよ．また腐食が起こらなかった場合には，その理由を説明せよ．

ヒント

NaOH 水溶液：電気化学列における Na と Fe の関係だけでなく，OH^- の量も関与する．

水の電離 $H_2O \longrightarrow H^+ + OH^-$ が起これば，H^+ が生成するはずである．

はたして H^+ は存在するであろうか？

H_2SO_4 水溶液：H_2SO_4 は強酸なので，H^+ が多量に存在する．

HCl 水溶液：HCl は強酸なので，H^+ が多量に存在する．

H_2O (純水)：H_2O と溶存酸素が関係して，

$$2H_2O + O_2 + 4e^- \longrightarrow 4OH^-$$

という反応で電子を受け取ることができる．

NaCl 水溶液：Na^+ や Cl^- は直接反応式には現れず，反応を促進する働きをする．

ということは，純水と同じ反応？

---

(2) 実験 I (2) では，鉄釘の頭や釘先の切り欠き部分など，加工が施されている部分は，結晶構造にひずみがあり，そこから鉄イオンが溶出しやすく，腐食が起こりやすくなっており，このような現象を応力腐食または応力腐食割れと呼ぶ．ゼラチン溶液を作る際に水を煮沸しているため，溶存酸素量は減少していると考えられる．銅線を巻いた釘と巻かない釘では，腐食の部位や度合いに違いがあるか．違いがある場合，それはなぜか説明せよ．

ヒント　銅線を巻いた場合，鉄釘は Fe^{2+} を溶出し，その際に生じた電子 (e^-) は，標準電極電位の高い銅線側に移動し，銅線の表面で O_2 と H_2O が e^- を受け取る．一方，鉄釘だけの場合，鉄釘の表面で電子の授受が行われる．

---

(3) 実験 II の (1) 〜 (7) のそれぞれで起こった現象を化学反応式で示し，説明せよ．

[発展考察課題]

余力のある場合，次の項目に関してさらに深く考察せよ．

(1) 鉄釘の腐食について，局部電池機構の観点から説明せよ．

> **ヒント** 腐食関連，または電気化学関連の文献を参照し，「局部アノード」と「局部カソード」で起こる反応を明記し，説明すること．

(2) 実験 I (2) において，フェノールフタレインを加えたが，これは鉄釘を浸した溶液が塩基性になることを確かめるためである．なぜ塩基性になるのか説明せよ．また，実験の結果，塩基性になることが確認できなかった場合，その原因を説明せよ．

> **ヒント** 鉄釘の腐食の化学反応式，フェノールフタレインの変色域を考えること．

(3) 実験 II において得られた結晶の形状や成長の仕方，反応後の固体試料の状態などを，反応の激しさ，反応の速さ，反応の起電力などの観点から詳細に説明せよ．

> **ヒント** 金属の析出はどのような場所で起こったか，気体発生は固体試料表面で起こったか，内部で起こったか，起電力の違いにより，反応の仕方に違いがあったかなどを説明する．

(4) その他，「独自の考察」

> **ヒント** 「独自の考察」とは，他の実験者とは異なる，自分だけしかできない考察であり，実験 I, II で起こった化学反応の類似性や相違性に注目したり，ある反応に着目し，その反応と観察の結果を詳細に説明することなどを試みるとよい．

第9章　過酸化水素の分解反応速度

[概　説]

　化学反応にはいろいろな種類があり，それぞれの反応は異なった速度で進行する．ある反応を制御するには，その反応の速度がどのような因子によって決められ，どのように変化するか知る必要がある．本実験では，塩化鉄 (III) を触媒として過酸化水素の分解速度を測定し，反応速度が温度変化に対してどのような影響を受けるか調べる．また，速度定数の温度変化から活性化エネルギーを求め，反応速度に対する理解を深める．

1.　活性化エネルギー

　化学反応をミクロの立場から眺めれば，反応は出発物質の分子間の原子の組み換えであるから，反応が進行するには分子の衝突が前提となる．衝突する分子を仮定したとき，ある値以上の運動エネルギーを持つ分子が衝突したときに化学反応は進行する．これは不安定な中間状態 (遷移状態) を越えて反応が進行するには十分なエネルギーが必要なためである．このような反応が起こるために必要な最小限度のエネルギーを活性化エネルギー (activation energy) という．また，この不安定な中間状態の物質を活性錯合体 (activated complex) という．それゆえ，活性化エネルギーは反応物を活性錯合体に変えるために必要なエネルギーともいえる．

　図 2.9.1 は化学反応が進行する様子を示したものである．この図の水平軸は反応座標と呼ばれ反応の進む方向を示している．垂直軸はこの系全体のポテンシャルエネルギーを表す．図中の曲線は反応のエネルギー変化の経過を示している．曲線が上がりかけた部分は，ある運動エネルギーをもつ 2 つの分子が十分接近して互いに影響を及ぼし合う過程である．このときの反応系の運動エネルギーが十分であれば，ポテンシャルエネルギーの山を越して反応が進むことになる．

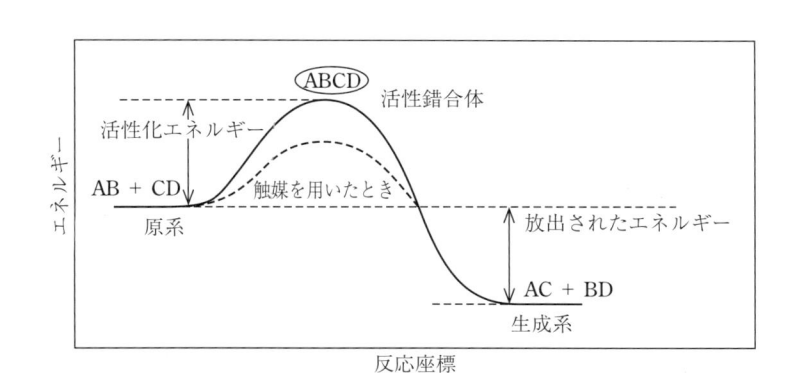

図 2.9.1　触媒の有無による活性化エネルギーの変化の様子

温度が高くなると，活性錯合体をつくるのに十分な運動エネルギーを持つ分子の数が多くなり，反応は速く進行する．ある反応の活性化エネルギーの値は，実験的に反応温度を変化させて速度定数を測定し，求めることができる．

触媒はポテンシャルエネルギーの山を低くし，反応を進みやすくする．そのため，ある反応に触媒を用いると反応速度は早くなる．触媒を用いた場合には，正反応だけでなく，逆反応の活性化エネルギーも全く同じだけ小さくなることに注意せよ．また，図 2.9.1 で反応系 (原系) は生成系よりも高いエネルギー状態にある．このことは，この反応が進行すると反応系と生成系のポテンシャルエネルギーの差分の熱の放出が起こることを意味する．すなわち，反応系から生成系に進む反応は発熱反応であり，逆向きの反応は吸熱反応である．

2. 反応速度と濃度の関係

温度やその他の条件が一定であれば，化学反応の速度は物質の濃度の関数となる．ある反応を

$$m\,\mathrm{A} + n\,\mathrm{B} \longrightarrow p\,\mathrm{C} + q\,\mathrm{D} \tag{1}$$

のように表すと，各物質の減少や増加の割合は $-\dfrac{\mathrm{d}[\mathrm{A}]}{\mathrm{d}t}$, $-\dfrac{\mathrm{d}[\mathrm{B}]}{\mathrm{d}t}$, $\dfrac{\mathrm{d}[\mathrm{C}]}{\mathrm{d}t}$, $\dfrac{\mathrm{d}[\mathrm{D}]}{\mathrm{d}t}$ で表され，次の関係がある (ここで，[A] は A のモル濃度を表す)．

$$v = -\frac{\dfrac{\mathrm{d}[\mathrm{A}]}{\mathrm{d}t}}{m} = -\frac{\dfrac{\mathrm{d}[\mathrm{B}]}{\mathrm{d}t}}{n} = \frac{\dfrac{\mathrm{d}[\mathrm{C}]}{\mathrm{d}t}}{p} = \frac{\dfrac{\mathrm{d}[\mathrm{D}]}{\mathrm{d}t}}{q} \tag{2}$$

この反応が A と B の分子の衝突から起こると仮定すると，反応速度 v は A と B の濃度に比例し，

$$v = k[\mathrm{A}]^{\alpha}[\mathrm{B}]^{\beta} \tag{3}$$

で表される．これを速度式という．k は反応速度定数であり，α と β は反応次数である．この反応は物質 A に対して α 次，物質 B に対して β 次であり，全体で $\alpha + \beta$ 次の反応であるという．ある反応の速度が 1 種類の反応物の濃度に比例する場合，その反応は一次反応である．

一次の反応 $\mathrm{A} \longrightarrow \mathrm{B} + \mathrm{C}$ (A の分解反応) を考えた場合，反応速度 (A の減少する速度) は $-\dfrac{\mathrm{d}[\mathrm{A}]}{\mathrm{d}t}$ で表され，$-\dfrac{\mathrm{d}[\mathrm{A}]}{\mathrm{d}t} = k[\mathrm{A}]$ の速度式が成り立つ．A の初濃度を $a\,\mathrm{mol/L}$，時間 t 秒後に A が $x\,\mathrm{mol/L}$ 分解されたと仮定すると，t 秒後の A の濃度は $(a - x)$ となり，反応速度は次式で表される．

$$-\frac{\mathrm{d}(a - x)}{\mathrm{d}t} = \frac{\mathrm{d}x}{\mathrm{d}t} = k(a - x) \tag{4}$$

この微分方程式を積分すると

$$\ln a - \ln (a - x) = kt \quad \text{または} \quad \ln \frac{a}{a - x} = kt \tag{5}$$

の式が得られる (p.104, [注 1] 参照)．ここで，(5) 式を変形すると $\ln (a - x) = -kt + \ln a$ となる．よって，$\ln (a - x)$ を t に対してプロットすると，切片が $\ln a$ で傾きが $-k$ のグラフとなり，

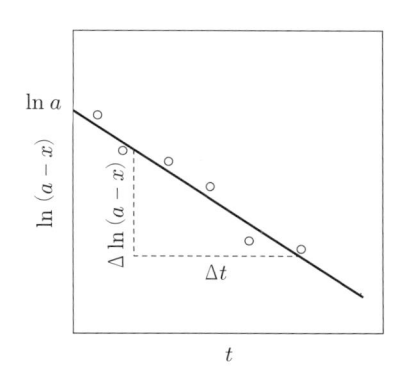

$$k = \frac{\Delta \ln (a-x)}{\Delta t}$$

図 2.9.2 $\ln (a-x)\text{-}t$ グラフ

グラフの傾きから速度定数 k を求めることができる (図 2.9.2).

A $\longrightarrow$ B + C の反応について，A の濃度の対数 $\ln [A]$ を時間 t に対してプロットして直線関係が得られる場合には，その反応は実験的に一次速度式に従うと判断される.

反応物質の濃度が初濃度の半分になるまでの時間を半減期という．一次反応の半減期 $t_{1/2}$ は (5) 式に $x = \dfrac{a}{2}$ を代入して求められる.

$$t_{1/2} = \frac{\ln 2}{k} = \frac{0.693}{k} \tag{6}$$

一次反応の場合，半減期は反応物質の初濃度に依存しない.

3. 反応速度と温度の関係

反応速度は温度の上昇とともに増大する.

この温度と反応速度の関係を表したものにアレニウス (Arrhenius) の式がある.

$$k = A \exp\left(-\frac{E}{RT}\right) \tag{7}$$

ここで k は速度定数，T は反応温度 (絶対温度)，R は気体定数，E は活性化エネルギー，A は温度に無関係な定数である．(7) 式の自然対数をとると

$$\ln k = -\frac{E}{RT} + \ln A \tag{8}$$

となる.

ここで $\ln k$ を $\dfrac{1}{T}$ に対してプロットし (図 2.9.3)，得られた直線の傾きを $\tan \theta$ とすると

$$\tan \theta = -\frac{E}{R} \tag{9}$$

となり，活性化エネルギー E を求めることができる.

一方，温度 T_1, T_2 における速度定数をそれぞれ k_1, k_2 とすると (8) 式から，次の式が導かれる.

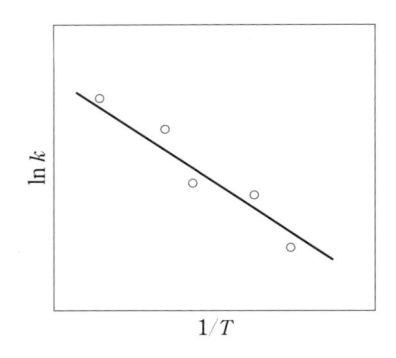

図 **2.9.3** アレニウスプロット

$$\ln \frac{k_2}{k_1} = -\frac{E}{R}\left(\frac{1}{T_2} - \frac{1}{T_1}\right) \tag{10}$$

4. 過酸化水素の分解反応

過酸化水素は熱力学的には不安定な化合物であり，酸素と水に分解する．純粋な過酸化水素の分解速度はきわめて小さいが，金属のコロイド，酸化物などと接触すると，これが触媒となり爆発的に分解する．

$$2\,H_2O_2 \longrightarrow O_2 + 2\,H_2O \tag{11}$$

過酸化水素の水溶液も不安定であり，重金属塩や酵素により分解が促進される．特に溶液がアルカリ性のときに不安定である．リン酸，尿酸，尿素，アセトアニリドなどはこの分解反応を抑制する作用があるので，安定剤として利用される．安定剤は分解反応の中間物質として生じるHOO・ラジカルや・OHラジカルなどを分解する作用があるといわれている．本実験では，触媒として塩化鉄 (III) $FeCl_3$ 水溶液を使用し，過酸化水素の分解速度の測定を行う．

過酸化水素の分解反応 ((11) 式) で酸化状態に注目すると，過酸化水素の酸素原子の酸化数は酸素と水の酸素原子の酸化数の中間にある．この反応は不均化反応であり，過酸化水素は酸素と水に分解する．この反応の平衡定数は大きいので，過酸化水素はほとんど完全に分解してしまう．

過酸化水素の標準電極電位を巻末の表で見ると，標準電極電位 $E°$ は，(12), (13) 式のように表される．

$$\text{(酸性溶液)} \qquad O_2 + 2\,H^+ + 2\,e^- \rightleftharpoons H_2O_2 \qquad E° = +0.68\,\text{V} \tag{12}$$

$$H_2O_2 + 2\,H^+ + 2\,e^- \rightleftharpoons 2\,H_2O \qquad E° = +1.78\,\text{V} \tag{13}$$

この分解反応の触媒に塩化鉄 (III) 溶液 ($FeCl_3$ 塩酸酸性溶液) を使用した場合，$Fe^{3+} + e^- \rightleftharpoons Fe^{2+}$ の標準電極電位 $E° = +0.77\,\text{V}$ は (12) 式と (13) 式の電位の中間にあるので，

$$2\,Fe^{3+} + H_2O_2 \longrightarrow 2\,Fe^{2+} + O_2 + 2\,H^+ \tag{14}$$

$$2\,Fe^{2+} + H_2O_2 + 2\,H^+ \longrightarrow 2\,Fe^{3+} + 2\,H_2O \tag{15}$$

(14), (15) の両方の反応が起こる．この $Fe^{3+} \rightleftharpoons Fe^{2+}$ の触媒サイクルとともに，H_2O_2 の分

解反応が進行する．よって，この反応の速度式は (16) 式のように表される．

$$v = k[\mathrm{H_2O_2}][\mathrm{FeCl_3}] \tag{16}$$

　分解速度 v は $\mathrm{H_2O_2}$ 濃度と触媒の濃度に比例する．ここで，触媒である $\mathrm{FeCl_3}$ の濃度は一定なので，$k' = k[\mathrm{FeCl_3}]$ とおくと，(17) 式のようになる．

$$v = -\frac{\mathrm{d}[\mathrm{H_2O_2}]}{\mathrm{d}t} = k'[\mathrm{H_2O_2}] \tag{17}$$

よって，(11) 式の分解反応を一次反応 (擬一次反応) として取り扱うことができる．

[予習事項]

(1)　[概説] を参考にして，この実験の「目的」を記せ．

(2)　「実験方法」を箇条書き，またはフローチャートで示せ．

[実　　験]

器具

　二股試験管，ガスビュレットおよび水溜め，ゴム管，クランプ付きスタンド，恒温水槽，ストップウォッチ，温度計，ホールピペット (5.0 mL　2 本，過酸化水素水採取用 (黄色)，塩化鉄 (III) 溶液採取用 (赤色))，安全ピペッター (10 mL 用　1 個)，マグネチックスターラー，撹拌回転子，洗ビン (純水用　500 mL　1 本，水道水用　500 mL　1 本)

試薬

　過酸化水素水 (質量パーセント濃度約 2 % $\mathrm{H_2O_2}$)，塩化鉄 (III) 溶液 ($0.06\,\mathrm{mol\,L^{-1}}$ $\mathrm{FeCl_3}$ 水溶液)

実験操作

1.　測定装置の組み立て

　図 2.9.4 のように装置を組み立てる．二股試験管はクランプでスタンドに固定する．

2.　分解速度の測定

(1)　恒温槽の水温を 25 ℃ に設定する (温度計で温度を測定し，水槽の水温が 25 ℃ 以上になっていた場合，氷片を入れて冷す)．

(2)　ホールピペット (黄色) で過酸化水素水 5.0 mL を測り取り，二股試験管の A 管の方に入れる．A 管には，撹拌用の回転子を 1 個入れておく．

(3)　ホールピペット (赤色) で $0.06\,\mathrm{mol\,L^{-1}}$ の塩化鉄 (III) 溶液 5.0 mL を測り取り，二股試験管の B 管の方へ入れる．

(4)　A 管と B 管の溶液が混じらないように注意しながら，ガスビュレット D につないであるゴム栓 C を付ける．図 2.9.4 のようにクランプに挟んで固定してから水道水の入った恒温水槽

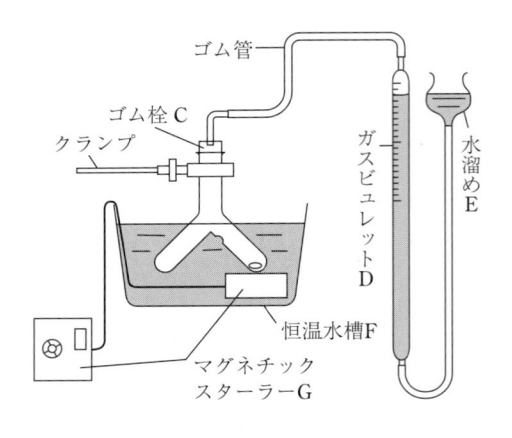

図 2.9.4　測定装置 図 2.9.5　二股試験管

中に浸しておく．ここで，水溜め E を下に下げて気体の漏れがないことを確かめておく．マグネチックスターラー G のコントローラーのスイッチを ON にし，回転子を回転させる．

(5) さらに，約 5 〜 10 分間程度，二股試験管を恒温水槽に入れたまま保持し，二股試験管内の水溶液温度が恒温水槽の水温と同じになるようにする．

(6) 水溜め E を手で持ち，水面をガスビュレット D の水面と合わせてから，目盛の値を読みとってゼロ点とする．

(7) 図 2.9.5 のように二股試験管を傾けて B 管に入っている塩化鉄 (III) 溶液を過酸化水素水の入っている A 管の方へ移し，直ちにストップウォッチをスタートさせる．二股試験管は，すばやく元の場所に固定する．30 秒ごとに 5 分間，ガスビュレット D の目盛の値を読みとる．目盛は，(6) と同様に水溜め E の水面をガスビュレット D の水面と合わせながら読む (30 秒ごとに読みとった目盛の値から，ゼロ点の目盛の値を差し引いて V とする)．

(8) 水温を 30 ℃ に設定し，このときの水温を記録する．その他の条件は操作 25 ℃ の測定と同様にして 5 分間，分解速度を測定する．

(9) 水温を 35 ℃ に設定し，このときの水温を記録する．その他の条件は 25 ℃ の測定と同様にして 5 分間，分解速度を測定する．35 ℃ の測定では，さらに 15 分間放置した後，ガスビュレット D の目盛の値を読みとる．この値から 35 ℃ のゼロ点の目盛の値を差し引いて V_∞ とする．V_∞ の値は 5.0 mL 中の過酸化水素が完全に分解したときに発生する酸素の体積である．

実験上の注意

(1) 過酸化水素水用のホールピペット (黄色) と塩化鉄 (III) 溶液用のホールピペット (赤色) を混用してはならない．

(2) 装置を組み立てる際に，二股試験管にゴム栓をしっかりと取り付けて，測定中に空気の漏れがないようにする．

(3) 測定中にスターラーの回転子が溶液をきちんと撹拌していることを確認する.

(4) 発生した酸素の量を測定するときは，必ず水溜め E を手で持ち，水溜 E の水面をガスビュレット D の水面と合わせて目盛を読む.

(5) 目盛を読み違えない (単純なことであるが，このミスが最も多い).

(1) - (5) の操作を怠ると，実験は必ず失敗するので注意すること.

(6) 35℃の測定では，反応を 15 分間放置して V_∞ を測定するが，この空いている時間に表 2.9.1 〜 2.9.3 に記載してあるように表を作成していくこと. データ処理の結果，明らかにおかしな数値があれば，測定をやり直すこと.

(7) 各測定の試料を準備する前に，二股試験管内部をきれいに洗浄して水を切っておくこと.

[結果のまとめ方]

　この実験では，過酸化水素の分解反応 $(2\,H_2O_2 \longrightarrow O_2 + 2\,H_2O)$ を追跡する手段として，発生する酸素の体積を測定している. 発生する酸素の体積は一定温度，一定の圧力下で酸素の物質量に比例するので，発生する酸素の体積変化は過酸化水素の濃度変化に比例する. すなわち，$V_\infty - V = \alpha(a - x)$ (α：定数) となるので，対数をとると $\ln(V_\infty - V) = \ln(a - x) + \ln\alpha$ となる. よって，$\ln(V_\infty - V)$ を時間 t に対してプロットし，直線の傾きから反応速度定数 k' を求めることができる. $t = 0$ のとき，$V = 0$ なので，直線式は $\ln(V_\infty - V) = -k't + \ln V_\infty$ で表される.

(1) 実験終了後，電卓を用いて表 2.9.1 〜 2.9.3 を完成させて，教員にチェックを受ける. 許可が出たらパソコンで表計算ソフトを用いて V-t グラフと $\ln(V_\infty - V)$-t グラフの 2 つのグラフを作成する.

(2) $\ln(V_\infty - V)$-t グラフの直線の傾きから各温度における速度定数 k' を求め，半減期 $t_{1/2}$ を計算し，表 2.9.4 を完成させる.

(3) 速度定数の対数 $\ln k'$ を絶対温度の逆数 $1/T$ に対してプロットして，アレニウスプロットのグラフを作成する. 直線式は $\ln k' = -\dfrac{E}{R}\left(\dfrac{1}{T}\right) + \ln A$ (E：活性化エネルギー，R：気体定数, $\ln A$：定数) で表され，この直線の傾きから活性化エネルギー E を求める. また，25℃ と 35℃ における 2 つの速度定数 k' の値から，活性化エネルギー E を直接計算して求めて (p.98 の (10) 式参照)，グラフから求めた E の値と比較する.

提出する表	・(各温度における) 反応時間と $\ln(V_\infty - V)$
	・反応速度定数と絶対温度
提出するグラフ	・発生する酸素の体積の時間変化
	・$\ln(V_\infty - V)$ の時間変化
	・分解反応のアレニウスプロット

(自宅で作成するグラフは，手描きでも，パソコンを用いて描いてもどちらでもよい.)

[考察事項]

(1) 実験結果から，温度と反応速度の関係について述べよ．また，本実験で用いた $FeCl_3$ の役割について述べよ．

(2) 今回，過酸化水素の分解反応を一次反応として取り扱ったが，実験結果からはどう判断されるか．$\ln (V_\infty - V)$ の時間変化のグラフの直線性などから考察せよ．また，$35\,^\circ C$ の測定では 5 分間反応を追跡後，さらに 15 分間放置して V_∞ を測定したが，この 20 分間の反応時間は V_∞ を求めるのに十分であったか．半減期を用いて考察せよ．（十分と判断する理由も述べること．また不十分と判断するのであるならば，あとどのくらい反応を待てばよいか，考えること．）

例） 半減期が 80 秒の場合：

20 分 =1200 秒，$1200 \div 80 = 15$ より，過酸化水素水の濃度は 20 分後に初濃度の $\left(\dfrac{1}{2}\right)^{15} = \dfrac{1}{32768}$ となる．

[発展考察課題]

(1) 2 % 過酸化水素水の密度を $1.0\,\mathrm{g\,mL^{-1}}$ としたときの溶液のモル濃度はいくらか．また，この過酸化水素水 $5.0\,\mathrm{mL}$ が完全に分解した場合，発生する酸素の体積は理想気体と仮定すると $1013\,\mathrm{hPa}$，室温を $25\,^\circ C$ としたときに何 mL になるか．実験から求めた V_∞ の値と比較せよ．

(2) 過酸化水素の分解反応の原理を参考にして，触媒となりうる物質を標準電極電位の表を用いて調べよ．

(3) その他，独自の考察．

表 2.9.1　$25\,^\circ C$ (　　K) における反応時間と $\ln (V_\infty - V)$

t/s	目盛の値/mL	V/mL	$(V_\infty - V)$/mL	$\ln (V_\infty - V)$
0		0.0		
30				
60				
90				
120				
150				
180				
210				
240				
270				
300				

表 2.9.2　30 ℃ (　　K) における反応時間と ln $(V_\infty - V)$

t/s	目盛の値/mL	V/mL	$(V_\infty - V)/\mathrm{mL}$	$\ln (V_\infty - V)$
0		0.0		
30				
60				
90				
120				
150				
180				
210				
240				
270				
300				

表 2.9.3　35 ℃ (　　K) における反応時間と ln $(V_\infty - V)$

t/s	目盛の値/mL	V/mL	$(V_\infty - V)/\mathrm{mL}$	$\ln (V_\infty - V)$
0		0.0		
30				
60				
90				
120				
150				
180				
210				
240				
270				
300				
1200		$V_\infty =$		

表 2.9.4　反応速度定数と絶対温度

T/K	T^{-1}/K^{-1}	k'/s^{-1}	$\ln k'$	$t_{1/2}/\mathrm{s}$
298	3.36×10^{-3}	0.00287	-5.853	241
303	3.30×10^{-3}	0.00549	-5.205	126
308	3.25×10^{-3}	0.00868	-4.747	80.0

[データ解析例]

　半減期の計算例：25 ℃ における半減期 $t_{1/2}$ は p.97 の (6) 式に k' の値を代入して，$t_{1/2} = \dfrac{\ln 2}{k'} = 0.693 \div (2.87 \times 10^{-3}) = 241$ 秒 ($= 4.02$ 分) となる.

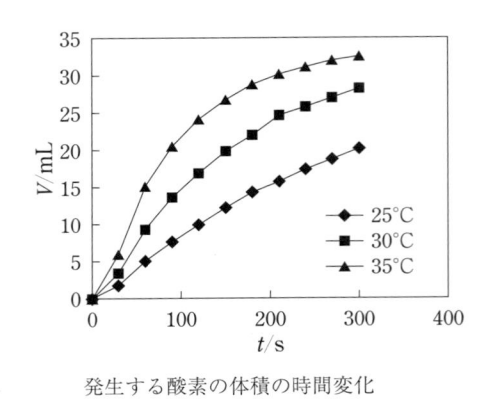

発生する酸素の体積の時間変化

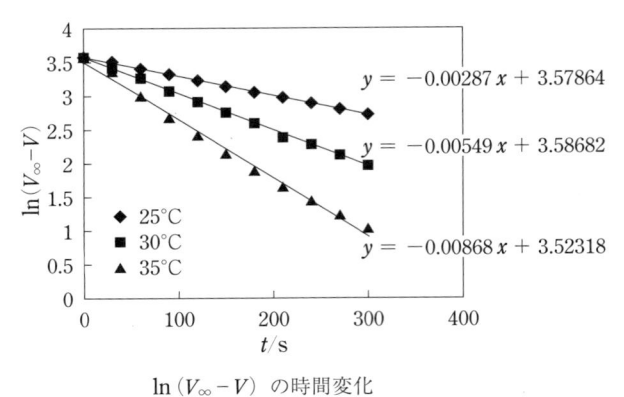

$\ln(V_\infty - V)$ の時間変化

図 **2.9.6**

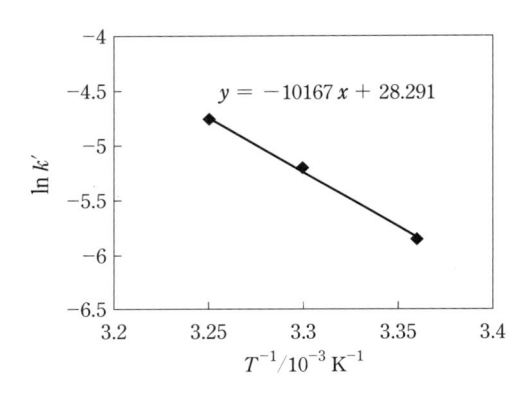

図 **2.9.7** 分解反応のアレニウスプロット

活性化エネルギーの計算例

(方法 1) 上の図のアレニウスプロットのグラフの近似直線の傾き $(-10167\,\mathrm{K})$ を p.97 の (9) 式に代入して活性化エネルギー E を求めると, $E = R \times 10167\,\mathrm{K} = 8.3145\,\mathrm{J\,mol^{-1}\,K^{-1}} \times 10167\,\mathrm{K} = 84534\,\mathrm{J\,mol^{-1}} = 84.5\,\mathrm{kJ\,mol^{-1}}$ となる.

(方法 2) アレニウスプロットの直線性がよい場合, 2 つのデータ点から E を得る簡便法として, p.98 の (10) 式から

$$E = -\ln \frac{k_2{}'}{k_1{}'} \times R \left(\frac{T_1 \times T_2}{T_1 - T_2} \right)$$

この式に $T_1 = 298\,\mathrm{K}$, $T_2 = 308\,\mathrm{K}$, $k_1{}' = 2.87 \times 10^{-3}$, $k_2{}' = 8.68 \times 10^{-3}$, $R = 8.3145\,\mathrm{J\,K^{-1}\,mol^{-1}}$ を代入すると $E = 84.5\,\mathrm{kJ\,mol^{-1}}$ となる.

注1 化学の分野では, $\ln x = \log_e x$, $\log x = \log_{10} x$ のように, 自然対数 (natural logarithm) を $\ln$ で表し, 常用対数を $\log$ で表す場合が多い. この $\ln$ の記号を用いると

$$\int \frac{\mathrm{d}x}{x} = \ln x + C$$

の関係式が成り立つ (C は積分定数).

(4) 式から

$$\frac{\mathrm{d}x}{a-x} = k\,\mathrm{d}t$$

これを積分して

$$\int \frac{\mathrm{d}x}{a-x} = \int k\,\mathrm{d}t$$

$a - x = X$ と置くと

$$\int \frac{1}{X}\frac{\mathrm{d}x}{\mathrm{d}X}\mathrm{d}X = \int k\,\mathrm{d}t$$

これを解いて

$$-\ln(a-x) = kt + C$$

ここで $t = 0$ において $x = 0$ の条件を入れると $C = -\ln a$ となる. よって

$$\ln a - \ln(a-x) = kt$$

となる.

参考資料

1. 常用対数と自然対数

$a > 0,\ a \neq 1$ (a が 1 でない, 正の数) とするとき, 指数関数 $y = a^x$ について任意の正の数 p に対し, $p = a^q$ を満たす実数 q がただ 1 つ定まる. この q を $\log_a p$ と表し, 「a を底とする p の対数」という. また, p を「a を底とする q の真数」という. 対数は指数の逆関数である.

$$p = a^q \Longleftrightarrow q = \log_a p$$

log は対数を意味する logarithm の略である. 以下に対数の性質を挙げておく.

(I) $a^0 = 1,\ a^1 = a$ より $\log_a 1 = 0,\ \log_a a = 1$

(II) 積の対数：$\log_a xy = \log_a x + \log_a y$

商の対数：$\log_a \dfrac{x}{y} = \log_a x - \log_a y$

累乗の対数：$\log_a x^n = n \log_a x$

(III) 底の変換公式：$\log_a b = \dfrac{\log_c b}{\log_c a}$ (c は任意の定数)

10 を底とする対数 $\log_{10} p$ を特に常用対数という. 底 10 を省略して $\log p$ と書くこともある. 歴史的に見れば, 「大きな数字を小さくして計算しやすくする」ために対数が使われてきた. 日常生活においては十進法を使っているので, その桁数を表すために常用対数を用いると非常に便利である. 10000 の常用対数は 4, 10^{-19} の常用対数は -19 となる.

$$\mathrm{e} = \lim_{x \to \infty} \left(1 + \frac{1}{x}\right)^x = 2.718281828\cdots$$

となる e を底とする対数 $\log_{\mathrm{e}} p$ を特に自然対数といい，通常，$\log_{\mathrm{e}} p = \ln p$ と書き，底 e を省略する．ln は natural logarithm の頭文字からとっている．理工系では e を用いることが多く，自然対数をよく使用する（自然対数を単に $\log p$ と書くこともあるので，注意が必要である）．

自然対数と常用対数の変換は，

$$\ln 10 = \log_{\mathrm{e}} 10 = \frac{\log_{10} 10}{\log_{10} \mathrm{e}} = \frac{1}{0.43429} = 2.3032_{58} = 2.303$$

であるから，

$$\ln x = 2.303 \times \log x$$

となる．

対数の微分積分に関しては，

$$\frac{\mathrm{d}}{\mathrm{d}x} \ln x = \frac{1}{x}, \qquad \int \frac{1}{x}\,\mathrm{d}x = \ln x + C$$

ここで，C は積分定数である．

なお，参考までに，指数関数の性質を以下に記す．

$$a^x a^y = a^{x+y}, \quad \frac{a^x}{a^y} = a^{x-y}, \quad (a^x)^y = a^{xy}$$

2. 過酸化水素の酸化還元と触媒

過酸化水素は酸化剤としても還元剤としても反応することができ，その分解反応式は次のように表される．

（酸化的分解）　　$O_2 + 2\,H^+ + 2\,e^- \rightleftharpoons H_2O_2$　　　$E^{\circ} = 0.68\,\mathrm{V}$

（還元的分解）　$H_2O_2 + 2\,H^+ + 2\,e^- \rightleftharpoons 2\,H_2O$　　　$E^{\circ} = 1.77\,\mathrm{V}$

いま，ある化合物 M が過酸化水素を酸化的に分解すると仮定する．この場合，化合物 M が酸化剤，過酸化水素が還元剤として働く．過酸化水素が酸化的に分解するとき，2 つの電子を放出し，化合物 M に渡すので，次のような反応式が考えられる[注1]．

$$H_2O_2 \longrightarrow O_2 + 2\,H^+ + 2\,e^- \qquad E^{\circ} = -0.68\,\mathrm{V}$$

$$M^{n+} + n\,e^- \longrightarrow M \qquad\qquad E^{\circ} = E_M$$

係数を合わせて上下の式を足し，反応式を完成させる[注2]．

$$n\,H_2O_2 \longrightarrow n\,O_2 + 2n\,H^+ + 2n\,e^- \qquad\qquad E^{\circ} = -0.68\,\mathrm{V}$$

$$\underline{2\,M^{n+} + 2n\,e^- \longrightarrow 2\,M \qquad\qquad\qquad E^{\circ} = E_M \qquad\qquad}$$

$$n\,H_2O_2 + 2\,M^{n+} \longrightarrow n\,O_2 + 2n\,H^+ + 2\,M \quad E = E_M - 0.68$$

この反応式に対応する酸化還元電位が，この反応の起電力となる．この起電力の値が正であれば

自発的に反応が起こり，負であれば自発的には反応が起こらないことを意味している (第 8 章の電気化学列および第 2 章の COD の測定を参照)．したがって，この反応が必ず起こるためには，次の条件 1 を満足させる必要がある．

$$E = E_M - 0.68 > 0 \quad \text{すなわち} \quad E_M > 0.68 \quad (条件 1)$$

したがって，過酸化水素を酸化的に分解する物質 M の標準酸化還元電位は 0.68 よりも大となるはずである．

一方，同じ化合物 M が過酸化水素を還元的に分解すると仮定する．この場合，過酸化水素が酸化剤，化合物 M が還元剤として働く．過酸化水素は化合物 M の電子を奪って，2 つの電子を取り込んで，還元的に分解する[注3]．したがって，次のような反応式が考えられる．

$$H_2O_2 + 2H^+ + 2e^- \longrightarrow 2H_2O \qquad E^\circ = 1.77\,V$$

$$M \longrightarrow M^{n+} + ne^- \qquad E^\circ = -E_M$$

係数を合わせて上下の式を足し，反応式を完成させる．

$$nH_2O_2 + 2nH^+ + 2ne^- \longrightarrow 2nH_2O \qquad E^\circ = 1.77\,V$$

$$2M \longrightarrow 2M^{n+} + 2ne^- \qquad E^\circ = -E_M$$

$$\overline{nH_2O_2 + 2nH^+ + 2M \longrightarrow 2nH_2O + 2M^{n+}} \qquad E = 1.77 - E_M$$

この反応式に対応する起電力を正にするためには，次の条件 2 を満たさなくてはならない．

$$E = 1.77 - E_M > 0 \quad \text{すなわち} \quad E_M < 1.77 \quad (条件 2)$$

したがって，過酸化水素を還元的に分解する物質 M の標準酸化還元電位は 1.77 よりも小さくなくてはならない．

上述の条件 1, 2 を満たす物質の場合，過酸化水素の酸化的分解と還元的分解が同時に起こり，しかも自分自身は酸化状態と還元状態の間を行き来するだけで，反応前後で化学形態が変わらない．つまり，触媒として機能するわけである．この条件を満たす代表的触媒して Fe の反応式を以下に示す．

$$Fe^{3+} + e^- \rightleftharpoons Fe^{2+} \qquad E^\circ = 0.77\,V$$

$$2Fe^{3+} + H_2O_2 \longrightarrow 2Fe^{2+} + O_2 + 2H^+ \qquad E = 0.08\,V$$

$$2Fe^{2+} + H_2O_2 + 2H^+ \longrightarrow 2Fe^{3+} + 2H_2O \qquad E = 1.00\,V$$

この反応では Fe は Fe^{3+} と Fe^{2+} の間を行き来するだけで，そのもの自体は変化せず，触媒として機能していることがよくわかる．

注 1　標準酸化還元電位表に書かれている電位は還元電位 (外部から電子を取り込む場合の電位 (反応式が左から右に進行した場合の電圧)) であるため，酸化反応の場合 (電子を放出する反応が進行する場合) 標準酸化還元電位の符号が逆になることに注意する．

注 2　反応式を作成するために化学量論係数を掛けるが，このとき反応する物質そのものが変化するわけではないので，その反応にかかる酸化還元電位は変わらないことに注意する．

注3　この反応においては化合物 M は電子を放出しなくてはならないから，注 1 の場合とは逆に化合物 M の標準酸化還元電位の符号が逆になる．

第10章　アセトアニリドの合成

[概　説]

1．アセトアニリドの合成と性質

　カルボン酸またはその誘導体と，アミンの縮合反応から生成する結合 —CONH— をアミド結合 (またはペプチド結合) という．このアミド結合を有する化合物は，有機化合物の中でも，重要な位置を占める．また，高分子化合物でも，合成高分子化合物では 6,6-ナイロン，天然高分子化合物の中ではタンパク質と，極めて重要な化合物の中にアミド結合は含まれている．本実験では，アミド結合を有する最も簡単な構造をもつアセトアニリドを合成する．

　アセトアニリドはカルボン酸である酢酸と，アミンであるアニリンの脱水縮合反応から以下の反応式により合成できる．

$$CH_3COOH \ + \ \langle\!\!\!\!\bigcirc\!\!\!\!\rangle\!-NH_2 \rightleftharpoons \langle\!\!\!\!\bigcirc\!\!\!\!\rangle\!-NHCOCH_3 \ + \ H_2O$$

　しかし，この反応は極めて遅く，完全に終結させるためには，高温でかつ長時間という厳しい反応条件を必要とする．また水が存在すると，逆反応の加水分解が進行するため，なんらかの方法で，反応系から水を反応中に取り除くことが必要になってくる．したがって，アセトアニリド合成法 (アミド結合生成法) としては，現在あまり用いられない．一般的なアミド結合生成法としては，カルボン酸またはアミンのどちらか一方を他の誘導体にして反応させる．また，アミンよりもカルボン酸のほうを，他の誘導体にしたり，カルボン酸活性化剤を用いて反応性を上げる手法をとることが多い．なかでも，カルボン酸の代わりに酸無水物や酸塩化物を用いる方法は最も一般的である．

　本実験ではカルボン酸である酢酸の代わりに酸無水物である無水酢酸を用いることにする．酸無水物とは2つのカルボキシ基から脱水縮合して生成されるもので，一般に，カルボン酸よりも酸無水物のほうが反応性は高い．

$$CH_3COOH + CH_3COOH \longrightarrow CH_3COOCOCH_3 + H_2O$$

特にアミド結合生成法では酸無水物のほうが有利であり，以下の反応式で進行する．

$$CH_3COOCOCH_3 \ + \ \langle\!\!\!\!\bigcirc\!\!\!\!\rangle\!-NH_2 \longrightarrow \langle\!\!\!\!\bigcirc\!\!\!\!\rangle\!-NHCOCH_3 \ + \ CH_3COOH$$

　この場合，生成するのはアセトアニリドと酢酸だけになり，加水分解のような逆反応を考慮する必要はない．ただし，反応性が高すぎて，反応が急激に進行することがあるので，なんらかの工夫が必要となる．本実験では無水酢酸と酢酸の混合物を用いることで，酢酸とアニリンの一部

とで塩を形成させ，反応が進行するにつれて塩が徐々に解離してアニリンに戻り，反応をゆっくり進行させる方法を行う．このようにして反応が急激に進行するのを防ぐ．最後に還流させて酢酸とも反応させ，反応を完結させている．

得られるアセトアニリドはいまから百年以上前の 1852 年に解熱作用があることが発見された．そして解熱鎮痛剤のさきがけとして 1886 年，アセトアニリドは風邪薬としてアンチフェブリン (antifebrin) の名前で発売され，広く用いられた．当時は他の薬に比べて優れた解熱作用があることが認められ，重用された．しかし，肝機能障害，アレルギーなどの副作用があることが後にわかり，いまは他の解熱鎮痛剤にとって代わられている．

アセトアニリドは体内で酸化されて，アミド結合のパラ位に水酸基が 1 つあるアセトアミノフェンになり，これが神経に働きかけて解熱鎮痛作用をもたらす．そこでこのアセトアミノフェンを解熱鎮痛剤として用いたところ，アセトアニリドに比べて副作用がほとんどなく，現在では風邪薬の一成分として広く用いられている．

アセトアニリド自身は，現在でも他の医薬品中間体原料として，医薬品工業では欠かすことのできない化合物として重要な位置を占めている．

2. アミド結合 (ペプチド結合) の性質

アミド結合は，アミド結合同士で水素結合をする．このアミド結合の水素結合は，タンパク質や核酸などの構造に必要不可欠なものである．図 2.10.1 ～ 2.10.3 のようにタンパク質や核酸は，分子鎖がらせん構造 (ヘリックス構造) やシート構造を形成している．タンパク質は一重らせん，二重らせん，三重らせん構造を，核酸は二重らせん構造を形成している．このらせん構造やシー

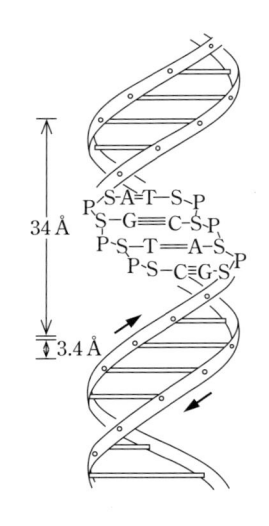

図 2.10.1 DNA の二重らせん構造の模式図
S：ペントース，
P：リン酸基

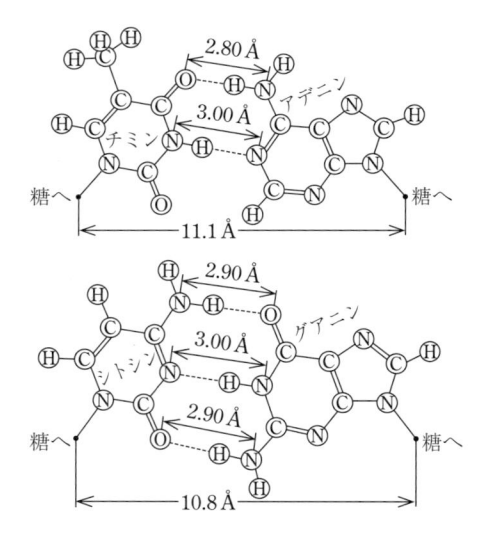

図 2.10.2 水素結合により結ばれた核酸塩基対
··· は水素結合を示す

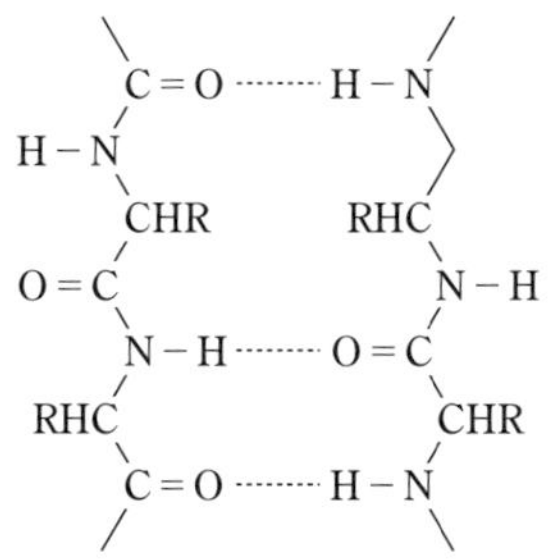

図 2.10.3 タンパク質の β-シート構造 (逆平行型)
··· は水素結合を示す

ト構造を安定にしているのが，ペプチド結合間の水素結合である．核酸を例にとると，2本の分子鎖が互いに絡み合うことなく，ほぼ等しい間隔で二重らせん構造を形成している．これは分子鎖間でペプチド結合が水素結合をしていて，安定化されるためである．

また 6,6-ナイロンでも同じように分子鎖間でアミド結合が水素結合をしている．このため，エステル結合を有するポリエステルよりも，6,6-ナイロンのほうが分子鎖の配向性 (同じ方向に分子鎖が順序よく並ぶこと) がよく，高い強度や融点を示す．

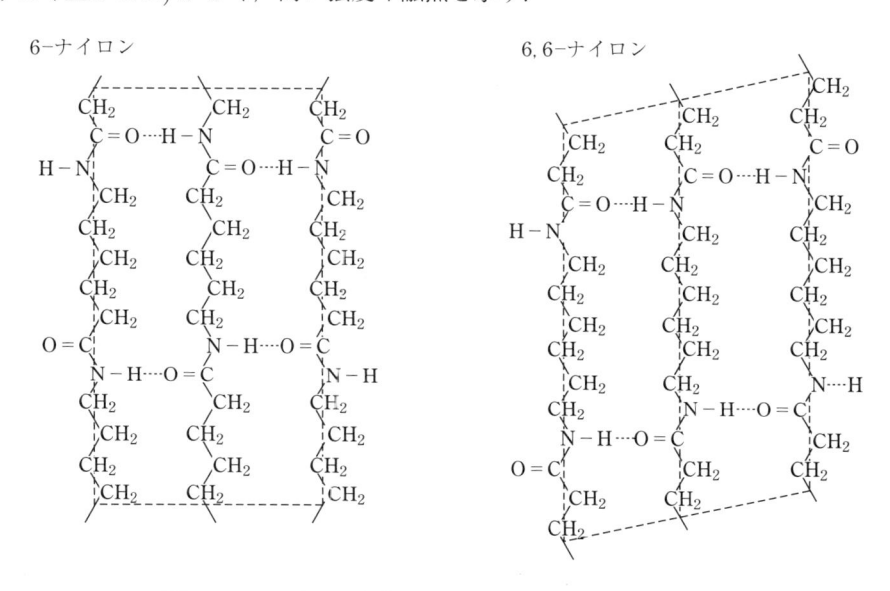

図 2.10.4 分子間水素結合によるナイロンのシート構造

[予習事項]

(1) [概説] を参考にして，この実験の「目的」を記せ．また無水酢酸とアニリンからアセトアニリドと酢酸ができる反応式を同時に記すこと．

(2) 「実験操作」を箇条書き，またはフローチャートで示せ．

[実　　験]

器具

100 mL ナスフラスコ，フラスコ台，20 mL メートルグラス，50 mL メスシリンダー，玉入り冷却管，マントルヒーター，スライダック，500 mL ビーカー，ブフナーロート，吸引ビン，真空ポンプ，ペーパータオル，100 mL ビーカー，ロート，ロート立て，電子天秤，スタンド，クランプ，ガラス棒，ガスバーナー，三脚台，セラミック付き金網，ホットハンド，試薬ビン，薬さじ，(融点測定器，ミクロスパーテル，吸収板，薬包紙)

試薬

アニリン，無水酢酸と酢酸混合物 (体積比 1：1)，希酢酸 (酢酸：水 =1：2(体積比))，沸騰石

実験操作

1. アミド化反応

(1) **よく乾燥した** 100 mL ナスフラスコをフラスコ台にのせ，合わせた重さを電子天秤で秤量する．

(2) アニリン約 10 mL をメートルグラスで測り取り，ナスフラスコに入れて，フラスコ台にのせて再度秤量する ((1), (2) の操作からナスフラスコに入れたアニリンの質量を求めておく)．

(3) 無水酢酸と酢酸の混合物 (1：1) を 20 mL メスシリンダーで測り取り，アニリンの入ったナスフラスコにロートを使って，**少しずつゆっくり入れる**．**(注意：この操作は必ずドラフト内で行うこと**．このとき発熱するので，**必ずナスフラスコをフラスコ台にのせて入れること**．また酢酸のにおいが強いので，直接吸い込まないようにすること．)

(4) ナスフラスコに沸騰石を少量 (4 ～ 5 粒程度) 入れる．

(5) 玉入り冷却管にゴム管をつなぎ冷却水を流す．この状態でナスフラスコとつなぎ合わせ，クランプで固定して図 2.10.5 のようにセットし，マントルヒーターで加熱する (スライダックを矢印の位置に合わせて，**沸騰が始まってから** 10 分間加熱する)．

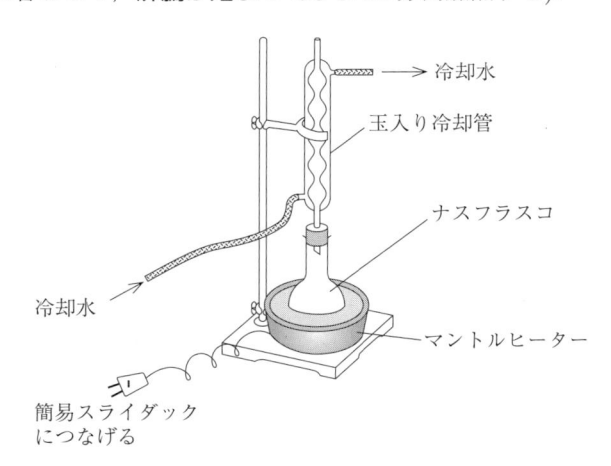

冷却水
玉入り冷却管
ナスフラスコ
冷却水
マントルヒーター
簡易スライダック
につなげる

図 2.10.5 還流装置図

(6) 加熱終了後，マントルヒーターから玉入り冷却管をつけたままナスフラスコをはずし (熱いのでホットハンドを使うこと)，フラスコ台にのせて，しばらく放冷する．また 500 mL ビーカーに水道水を約 200 mL 入れておく．ここにナスフラスコの内容物をガラス棒でかき混ぜながら注ぎ込む (このときフラスコが熱いので注意)．すると白色沈殿としてアセトアニリドが析出する．

2. 吸引ろ過

生成したアセトアニリドを取り出すために，吸引ろ過を行う．

(1) ブフナーロートにろ紙をのせて水で湿らせ，吸引ビンにブフナーロートをセットする．

(2) 吸引ビンと真空ポンプを耐圧ゴム管でつなぎ，真空ポンプを作動させる．

(3) 500 mL ビーカーの内容物をブフナーロートに注ぎ込み，吸引ろ過を行う．

(4) 一度吸引したあと，吸引を中断し，沈殿が浸る程度の水を加えてろ紙に触れないように注意しながらガラス棒でかき混ぜ沈殿を洗浄する．このあと再度吸引し，試薬ビンの底で沈殿を押しつぶすようにして残っている水分を取り除く．

(5) この沈殿をペーパータオル上に取り，ペーパータオルではさんで押しつぶして，さらに水分を取り除く．

3. 再結晶による精製

得られたアセトアニリドの純度を上げるため，再結晶法により精製する．

(1) 粗アセトアニリドを 100 mL ビーカーに入れ，次に再結晶溶媒として希酢酸をメスシリンダーで 45 mL 測り取って入れ，アセトアニリドが完全に溶解するまでバーナーで穏やかに加熱する．

(2) 得られた溶液を**乾燥したろ紙とロート**を用いて，熱いうちにろ過する (このとき溶液が冷めると結晶が析出してロートが詰まってしまうので，ろ過が終わるまで溶液を加熱しつづけること．また手早くろ過すること)．

(3) ろ液を放冷し，さらに氷水で冷却 (約 20 分間) すると，再び結晶が析出する (このとき結晶の状態を再結晶の前と後でどのように変わったかルーペを用いて観察し，スケッチせよ)．

(4) 得られた結晶を再度吸引ろ過し，試薬ビンの底で沈殿を押しつぶすようにして水分を取り除く．得られた結晶をペーパータオル上に取り，ペーパータオルではさんで押しつぶし，水分をできるだけ取り除く．

(5) 生成物を薬包紙にのせて秤量し，収率を計算する (収率の計算方法は 結果のまとめ方 参照)．

4. 融点測定

生成物がアセトアニリドであることを確認するため，生成物の融点を測定する．

(1) 少量の結晶を吸収板上にとり，ミクロスパーテルでこすりつけるようにして，結晶をつぶし，水分を完全に取り除く (次ページ参照)．

(2) 融点測定管 (ガラス製の毛細管) に生成物を入れる．

(3) 融点測定器を，最初は 100 ℃ まで一気に昇温させた後，1 分に 2 ℃ 程度ずつ上昇するようにセットして，融点測定管を入れ，結晶を観察する．

(4) 必ず，溶け始め (結晶が少し湿ったような状態になる) の温度と溶け終わり (結晶が完全に溶けきった) の温度の両方を記録する．

① 吸収板にサンプルを少量(ミクロスパーテル半分くらい)とり，ミクロスパーテルのへらの部分でこすりつけるようにして，よくつぶす(このときできるだけ吸収板上に広がらないように気をつける).

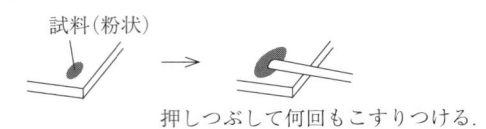

押しつぶして何回もこすりつける.

② ミクロスパーテルのへらの部分でつぶしたサンプルを集め，サンプルチューブにできるだけ多くつめる.つめ終わったらキムワイプでサンプルチューブの外側を注意深くよくふく.

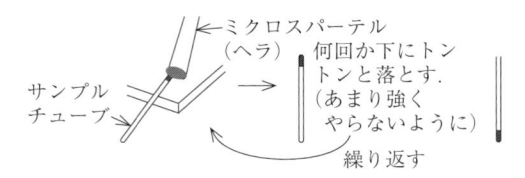

③ あまった吸収板状のサンプルは吸収板状の新しい部分を汚さないようにして捨てる.

図 2.10.6 融点測定用サンプルチューブの作り方

5. 後片付け

(1) ナスフラスコ，20 mL メートルグラスは回収するので，洗浄した後，所定の位置まで持ってくること.

(2) 沸騰石は流しに捨てずに，所定のバケツに水と一緒に捨てること(流しが詰まる原因となる).

(3) 吸引ビン中の液体は酢酸である.必ず廃液タンクに入れること(**注意：絶対に流しに捨ててはいけない**).

(4) ブフナーロート，吸引ビン，50 mL メスシリンダー，100 mL ビーカー，500 mL ビーカー，ロートは洗剤で洗い，かごに入れておくこと.

(5) 得られたアセトアニリドは回収するので，所定の場所まで持ってくること.

(6) **玉入り冷却管は水洗いをしてはいけない**.そのままクランプにはさんだまま置いておくこと.

[結果のまとめ方]

(1) 再結晶の前後でアセトアニリドの結晶がどのように変化したかノートにスケッチし，そのコピーをレポートに添付すること.

(2) 収率の計算をする.まず次式より最初に仕込んだアニリンの物質量を計算する.

アニリンの質量 [g] ÷ アニリンのモル質量 $[\mathrm{g\,mol^{-1}}]$ = アニリンの物質量 [mol]

モル質量とは物質 1 mol の質量のこと.分子量の値に単位 $\mathrm{g\,mol^{-1}}$ をつけたものである.

このように最初に仕込んだアニリンのモル数をベースにして，収率の計算をする．

$$収率 [\%] = \frac{得られたアセトアニリドの質量 [g]}{アニリンの物質量 [mol] \times アセトアニリドのモル質量 [g\,mol^{-1}]} \times 100$$

[考察事項]

(1) この実験では理論上ほぼ 100% に近い収率になるはずだが，収率が低下することがある．その理由を考察せよ．

(2) 収率を計算する場合，無水酢酸と酢酸のモル数の和をベースとしないで，アニリンのモル数を元にして計算した理由を述べよ．
   (**ヒント**：この反応は，アニリンと無水酢酸が反応した後，昇温させて酢酸とも反応させている．したがって，この反応で用いた無水酢酸の物質量，酢酸の物質量を計算して，この両者の和と，アニリンの物質量と比較してみなければならない．無水酢酸の物質量は次式で計算できる．

$$\frac{無水酢酸の体積 \times 無水酢酸の密度}{無水酢酸のモル質量} = 無水酢酸の物質量$$

   同様に，酢酸の物質量も計算してみて，無水酢酸の物質量と足してみよ．次に，得られた物質量の和と，アニリンの物質量を比較してみよ．)

(3) 現在，解熱鎮痛剤として使われている化合物の名前と構造式を「概説」および化学の教科書や参考書を参照していくつか挙げよ．

[発展考察事項]

(1) 無水酢酸と酢酸の混合物の代わりに，酢酸だけを用いると，アセトアニリドは長時間，高温で反応させないと得られない．その理由を考察せよ．

(2) 酢酸フェニルとアセトアニリドは構造が似ているが，沸点は大きく異なる．この理由を考察せよ．

(3) アミド結合 (ペプチド結合) の合成反応として，本実験で用いた酸無水物とアミンの反応による合成の他に，どのような方法 (反応) があるか (注意：ナイロンの合成法を論じないこと)．

(4) 融点の測定結果において，融点の値と融点幅はどのような意味をもつか．考察せよ．

(5) アニリンと無水酢酸が反応してアセトアニリドが生じる反応の反応機構を記せ．

(6) その他独自の考察について述べよ．

参　考

今回用いる，または得られる物質の性質，物性値
  ・無水酢酸　$C_4H_6O_3$　分子量　102.1　モル質量　$102.1\,g\,mol^{-1}$
   無色，刺激臭を有する液体．水と反応して，酢酸になる．融点 $-73\,℃$，沸点 $139.5\,℃$，比重 d_4^{15}　1.085

- 酢酸　$C_2H_4O_2$　分子量　60.1　モル質量　$60.1\,\mathrm{g\,mol^{-1}}$
  無色，刺激性の強い臭気と酸味のある液体．融点 $16.7\,^\circ\mathrm{C}$，沸点 $118.2\,^\circ\mathrm{C}$，比重 d_4^{20}　1.049
- アニリン　C_6H_7N　分子量　93.13　モル質量　$93.13\,\mathrm{g\,mol^{-1}}$
  無色透明な液体．空気中では徐々に酸化して黄色くなり，やがて赤くなる．融点 $-6.0\,^\circ\mathrm{C}$，沸点 $184\,^\circ\mathrm{C}$，比重 d_{20}^{20}　1.022
- アセトアニリド　C_8H_9NO　分子量　135.2　モル質量　$135.2\,\mathrm{g\,mol^{-1}}$
  無色板状晶．融点 $115\,^\circ\mathrm{C}$，沸点 $304\,^\circ\mathrm{C}$，$6\,^\circ\mathrm{C}$ における水に対する溶解度 $1\,\mathrm{g}/189\,\mathrm{mL}$.

第11章　クロマトグラフィー

[概　　説]

　クロマトグラフィー (Chromatography) はロシアの植物学者である M. Tswett が炭酸カルシウム (固定相) をガラス管に詰め，葉緑素の石油エーテル溶液 (移動相) を流すことにより，クロロフィルaとbを分離したのが始まりである．このとき，固定相に緑色と黄色に分かれた着色像 (色の帯) を得た．その後，固定相に吸着された混合物を，液体溶媒を流すことで順次流し出す方法や，移動相として気体を用いる方法が研究されるようになった．すなわち，固定相として固体または固体に保持した液体を用い，一端より移動相である液体または気体を流す．このとき，異なる2層間の界面における物質の吸着性または分配の差 (親和力の差) によって，目的物質が分離される現象のことをクロマトグラフィーと呼んでいる．

　クロマトグラフィーは固定相と移動相に何を使用しているかによって，次の表 2.11.1 のように分類される．

表 2.11.1　クロマトグラフィーの分類

分類	固定相	移動相	主な分離原理
液-固クロマトグラフィー	固体	液体	吸着
気-固クロマトグラフィー	固体	気体	吸着　蒸発 (気化)
液-液クロマトグラフィー	固定相に保持した液相	液体	分配　吸着
気-液クロマトグラフィー	固定相に保持した液相	気体	分配　蒸発 (気化)

　一般的に移動相に液体を利用しているものは液体クロマトグラフィーと総称され，気体を利用しているものはガスクロマトグラフィーと総称される．本実験では固定相にイオン交換樹脂という固体を用い，移動相として塩酸溶液を利用していることから，固-液クロマトグラフィーに分類される液体クロマトグラフィーの一種ということになる．また，本法のように固定相としてイオン交換樹脂を使用するクロマトグラフィーについてはイオン交換クロマトグラフィーとして分類されることもある．

　イオン交換クロマトグラフィーで使用されるイオン交換樹脂は一般の樹脂と異なり，構造中に電荷を有する官能基 (イオン交換基) が組み込まれている不溶性の樹脂である．このイオン交換基には酸性基と塩基性基があり，どちらを樹脂に組み込むかによって，陽イオンを吸着するか，陰イオンを吸着するかを決めることができる．交換基として使用される主要な官能基を表 2.11.2 に示した．

　この表 2.11.2 に示したような官能基が図 2.11.1 の −X の部分に組み込まれた構造がイオン交

表 2.11.2　代表的イオン交換基

酸性基	スルホ基 ($-SO_3H$) $\longrightarrow$ $-SO_3{}^-$	樹脂側が陰イオン
	カルボキシル基 ($-COOH$) $\longrightarrow$ $-COO^-$	$\downarrow$
	ヒドロキシル基 ($-OH$) $\longrightarrow$ $-O^-$	陽イオン交換樹脂
塩基性基	アミノ基 ($-NH_2$) $\longrightarrow$ $-NH_3{}^+$	樹脂側が陽イオン
	置換アミノ基 ($-NHR$, $-NR_2$) $\longrightarrow$ $-NRH_2{}^+$, $-NR_2H^+$	$\downarrow$
	第 4 級アンモニウム基 ($-NR_3{}^+$)	陰イオン交換樹脂

換樹脂の代表的な構造式となる.

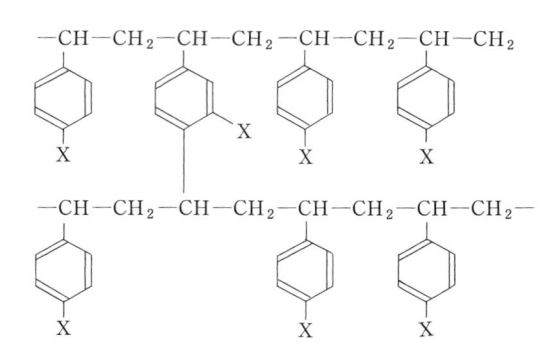

図 2.11.1　イオン交換樹脂の構造

[原　　理]

　イオン交換樹脂を用いたイオン交換クロマトグラフィーにおけるイオンの分離は次のようなイオン交換反応が基礎になっている.

　交換樹脂を詰めたカラムに対してイオンを含む試料溶液を流した場合, イオン交換基と逆の電荷をもつイオンはイオン交換基との間でクーロン力 (異符号の電荷同士が引き合い, 同符号の電荷同士が反発しあう力) が働き, 樹脂表面でイオン交換基に吸着しようとする. 同様にイオン交換基と同じ電荷を持つイオンはイオン交換との間でクーロン力が働き, 樹脂表面のイオン交換基から遠ざかろうとする. 交換樹脂表面に吸着したイオンはそれぞれ交換基に対する吸着力が違い, より吸着力が強いイオンが入ってくると交換樹脂の表面で吸着しているイオンが入れ替わるイオン交換反応が起こる. このようなイオン交換反応は多量の交換相手が移動相として流れてきた場合にも起こる. このイオン交換樹脂表面と流れている移動相溶液の間でイオンが行き来する現象のことをイオン交換平衡と呼び, 可逆的かつ速やかに両方の相がある一定の組成になろうとする. 流れを停止して交換樹脂相と移動相の両相の組成が一定になった状態をイオン交換平衡状態と呼び, この状態ではイオンが溶液からイオン交換樹脂に対して吸着する速度とイオン交換樹脂から溶液中にイオンが溶出する速度が等しくなり, 見かけ上反応が停止したように見える.

　この反応を表す反応式が (1) 式である.

$$nA^- + mRX \longrightarrow (m-n)RX + nRA + nX^- \tag{1}$$

A：溶液中のイオン，R：イオン交換基，X：交換イオン

この式では左辺で交換イオン X が結合した X 型であったイオン交換樹脂が溶液中の A^- と交換し，RA という A 型イオン交換樹脂になることを意味している．

本実験ではこの陰イオン交換樹脂を用いて金属イオンの分離を行っている．金属イオンは通常溶液中で陽イオンとして存在しており，そのままでは陰イオン交換樹脂に対して吸着しないため，分離できない．しかし，比較的濃い塩酸溶液中ではいくつかの金属 (Mn^{2+}, Co^{2+}, Cu^{2+}, Fe^{3+}, Fe^{2+} など) だけが次の反応によって金属クロロ錯イオンと呼ばれる陰イオンを生成する．

$$M^{n+} + mCl^- \rightleftharpoons [MCl_m]^{(m-n)-} \tag{2}$$

金属イオン　　　　　金属クロロ錯イオン

生成した金属クロロ錯イオンは中心に位置する金属の種類によって安定性が異なっている．この反応で生成する金属クロロ錯イオンの安定性は各金属クロロ錯イオンの安定度定数によって定められる (これについては参考にて後述する)．クロロ錯体の安定度定数の大きな金属は塩化物イオンの濃度が薄くてもクロロ錯イオンを形成して，陰イオンとしてカラム内に保持される．逆にクロロ錯体の安定度定数の小さな金属は塩化物イオンの濃度が薄くなるとクロロ錯イオンが解離し，もとの陽イオンとしてカラムから溶出する．そこで本実験では高濃度の塩酸酸性の試料溶液を用いて試料溶液中の金属イオンをクロロ錯体を生成するかどうかで分け，次いで溶離液として流す塩酸濃度を薄くすることで，クロロ錯体を生成する金属を安定度定数の違いによって分離している．

溶出した金属については溶出液の色と各金属に特徴的な確認反応によってその存在を確認する．

本実験で使用する確認反応としては次の 3 種類である．

Fe の確認

$$Fe^{3+} + 6SCN^- \longrightarrow [Fe(SCN)_6]^{3-} \tag{3}$$

赤色呈色

Ni の確認

$$(4)$$

ジメチルグリオキシム　　　　Ni-ジメチルグリオキシム錯体

(ビスジメチルグリオキシマトニッケル(II))

赤色沈殿

Co の確認

$$Co^{2+} + 2NH_4^+ + 4SCN^- \longrightarrow [(NH_4)_2Co(SCN)_4] \tag{5}$$

エーテル抽出後青色呈色

(1) [概説] を参考にして，この実験の「目的」を記せ.
(2) 「実験方法」を箇条書き，またはフローチャートで示せ.

[実 験]

器具

試験管立て：3 個，試験管：36 本，駒込ピペット：4 本，200 mL ビーカー：3 個，20 mL メスシリンダー：1 本，イオン交換カラム 1 セット，廃液ビーカー，洗ビン (500 mL：純水用，1000 mL：水道水用)

試薬

$1\,mol\,L^{-1}$ HCl，$2\,mol\,L^{-1}$ HCl，$5\,mol\,L^{-1}$ HCl，$9\,mol\,L^{-1}$ HCl，$6\,mol\,L^{-1}$ アンモニア水，$0.1\,mol\,L^{-1}$ チオシアン酸カリウム (KSCN) 水溶液，$5\,mol\,L^{-1}$ チオシアン酸カリウム (KSCN) 水溶液，1% ジメチルグリオキシム/メタノール溶液，イソアミルアルコール + ジエチルエーテル (1 + 1) 溶液，試料溶液

注 1 本実験では高濃度の酸を使用しているため，実験台の上や椅子の上などが濡れている場合には必ず濡れ雑巾で拭いてから使用すること.

注 2 試薬が教科書，ノートなどに付着したまま放置すると発火する場合があるため，これらは引き出しにいれ，机上に出さないこと.

注 3 試料溶液は各金属イオンを濃塩酸に直接溶解した溶液であるため，非常に危険である. 取り扱いには十分に注意すること. 手などに付いた場合には直ちに水道水で 5 分以上洗い流すこと.

注 4 本実験で使用する塩酸および試料溶液は高濃度の塩酸を含んでいるため，ふたを開けるときは実験台の排気ダクトの前で開封すること.

注 5 イオン交換カラム内の液面を基準線より下に下げないこと.

注 6 確認実験で溶出液とアンモニア溶液を反応させるが，この反応は発熱反応であり，一度に多量の試薬が混合されると試験管内で突沸が起こるため，少量ずつ試験管にアンモニア溶液を注ぐこと.

注 7 試験管は非常に割れやすいガラス器具であるので，洗うときは 1 本ずつ洗うこと.

分離操作

(1) 図 2.11.2 に示したイオン交換セットでカラム内の溶液を基準線のところまで流出する.

(2) 20 mL メスシリンダーを用いて $2\,mol\,L^{-1}$ HCl 10 mL を測り取り, イオン交換カラムに流す.

(3) 20 mL メスシリンダーを用いて純水 20 mL を測り取り, イオン交換カラムに流す. このとき一度に 20 mL はカラム内に入らないため 10 mL ずつ 2 回に分けて流す.

(4) 20 mL メスシリンダーを用いて $9\,mol\,L^{-1}$ HCl 20 mL を測り取り, イオン交換カラムに流す. このとき一度に 20 mL はカラム内に入らないため 10 mL ずつ 2 回に分けて流す. 流速は 1 滴/2 秒程度のゆっくりした速さに調節すること.

　　高濃度の塩酸のためこぼさないように注意すること

(5) 液面が基準線に達したらコックを閉め, 2 mL 駒込ピペットを用いて試料溶液 2 mL を 20 mL メスシリンダーに測り取り, カラムに流し込む.

　　使用が終わった器具はすぐに廃液ビーカー上で洗っておくこと.

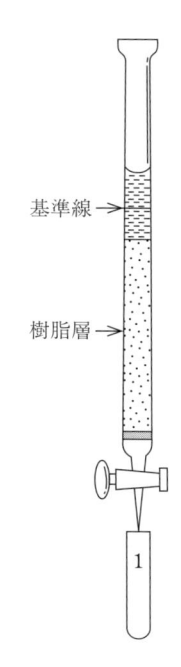

基準線

樹脂層

図 2.11.2 イオン交換カラム

(6) 次に溶離液である $9\,mol\,L^{-1}$ HCl 5 mL を 5 mL 駒込ピペットを用いて 20 mL メスシリンダーに測り取る.

(7) カラム出口を試験管の口に少しかかるくらいの高さに調節し, コックを開いて 1 滴/2 秒程度のゆっくりした速さに調節し, 溶出液を捕集する (溶出液 No.1, 2 mL).

　　溶離液を流し始めたらできるだけ一定の流速で分離を行うこと. 試験管を交換するときも流れたままの状態で交換すること.

(8) 液面が基準線のところまできたら (6) で採取した 5 mL の $9\,mol\,L^{-1}$ HCl を加え, 溶液を基準線のところまで流出させ溶出液を分取する (溶出液 No.2, 5 mL).

(9) (8) と同じ (溶出液 No.3, 5 mL).

(10) (8) と同じ (溶出液 No.4, 5 mL).

(11) 20 mL メスシリンダーを使って, カラムに $5\,mol\,L^{-1}$ HCl 5 mL を入れ, 溶液を基準線のところまで流出させ溶出液を分取する (溶出液 No.5, 5 mL).

(12) (11) と同じ (溶出液 No.6, 5 mL).

(13) (11) と同じ (溶出液 No.7, 5 mL).

(14) (11) と同じ (溶出液 No.8, 5 mL).

(15) 20 mL メスシリンダーを使って, カラムに $1\,mol\,L^{-1}$ HCl 5 mL を入れ, 溶液を基準線のところまで流出させ溶出液を分取する (溶出液 No.9, 5 mL).

(16) (15) と同じ (溶出液 No.10, 5 mL).

(17) (15) と同じ (溶出液 No.11, 5 mL).

(18) (15) と同じ (溶出液 No.12, 5 mL).

(19) 20 mL メスシリンダーを使って, 純水 20 mL を 5 回 (合計 100 mL) 流し, 溶出液は廃液ビーカーに入れる.

(20) 20 mL メスシリンダーを使って, $2 \, mol \, L^{-1}$ HCl 20 mL を入れ, 溶液を基準線の 3 cm ほど上部のところまで流出させ, コックを閉じる. 溶出液は廃液ビーカーに入れる.

確認実験操作

(1) 分離操作では No.1 のみ 2 mL, No.2-12 まで 5 mL ずつの溶出液が入った 12 本の試験管が作成されている. 試験管をガラス棒でよくかき混ぜ, 各試験管内に捕集した溶液の色を表 2.11.3 のようにまとめよ.

(2) 試験管立が 3 つ用意してあるので各確認実験ごとに 1 つの試験管立と 12 本の試験管を使用する.

(3) 各試験管内の溶液を 3 本の試験管に分けるが, この際, 確認実験 2 に使用する試験管には約 1 mL の溶液を, 他の確認実験用の試験管には約 2 mL の溶液が入るようにする (No.1 はもとの溶液量が少ないため 3 等分する).

(4) 確認実験 1 では各試験管に $0.1 \, mol \, L^{-1}$ の KSCN 水溶液 1 mL を加え, ガラス棒でよくかき混ぜる. 溶液が赤く呈色すれば Fe^{3+} の存在を示す.

(5) 確認実験 2 では各試験管を $6 \, mol \, L^{-1}$ アンモニア水でアルカリ性にし, (赤リトマス紙で確認) ジメチルグリオキシム/メタノール溶液 1 mL を加え, ガラス棒でよくかき混ぜる. 鮮赤色の沈殿が生じれば Ni^{2+} の存在を示す.

表 2.11.3 クロマトグラフィー実験結果

No	溶出液の色	確認実験 1	確認実験 2	確認実験 3	
				上層	下層
1	透明	透明	透明	透明	黄色沈殿
2	薄黄緑	透明	赤色沈殿	透明	黄色沈殿
3	薄黄緑	透明	赤色沈殿	透明	黄色沈殿
4	薄黄緑	透明	赤色懸濁	透明	黄色沈殿
5	薄黄緑	透明	透明	透明	黄色沈殿
6	薄緑色	透明	透明	薄青	黄色溶液
7	薄水色	薄赤色	薄褐色	濃青色	黄色溶液
8	薄黄色	薄赤色	薄褐色	紫色	赤色溶液
9	薄黄色	赤色	薄褐色	赤黒色	濃赤色溶液
10	黄色	濃赤色	褐色沈殿	濃赤色溶液	濃赤色溶液
11	黄色	濃赤色	褐色沈殿	濃赤色溶液	濃赤色溶液
12	薄黄色	赤色	薄褐色	赤色溶液	濃赤色溶液

(6) 確認実験 3 では各試験管に $5\,\mathrm{mol\,L^{-1}}$ の KSCN 水溶液 $1\,\mathrm{mL}$ とイソアミルアルコール + ジエチルエーテル $(1+1)$ 溶液を加え，ガラス棒でよくかき混ぜる．二相に分かれた上層が青く呈色すれば Co^{2+} の存在を示す．

[結果のまとめ方]

(1) 表 2.11.3 を参考に実験結果をまとめよ．

(2) Fe，Ni，Co の溶出順序を記せ．

[考察課題]

(1) 実験結果と予習からカラム内でどのような反応が進行して分離が起こったか調べよ．

(2) 各金属のクロロ錯イオンの安定度定数と塩酸濃度の関係について考察せよ．

(3) 一般的なイオン交換樹脂における分離がどのような原理で行われているか，イオン交換反応，イオン交換平衡などの言葉をキーワードに調べなさい．

[発展考察課題]

(1) 実験結果では一部分離が完全でない部分があるが，完全に分離するためには実験条件をどのように変えればよいか考えよ．

(2) 今回実験したイオン交換クロマトグラフィーと吸着クロマトグラフィー，および分配クロマトグラフィーの違いを分離原理の違いから考察せよ．

(3) 溶液中に多種類の物質が存在するときにクロマトグラフィー以外にどのような分離手法があるか調べよ．

(4) その他，独自の考察．

参考資料 錯体の安定度定数について

ある金属イオン M^{n+} が m 個の Cl^- と結合して $[MCl_m]^{(m-n)-}$ という金属クロロ錯体を生成する反応は反応式で書くと次式のようになる．

$$M^{n+} + m\,Cl^- \rightleftharpoons [MCl_m]^{(m-n)-} \tag{6}$$

この反応の安定度定数 (K) は，イオンの濃度を用いて次式のように求められる．

$$K = \frac{[[MCl_m]^{(m-n)-}]}{[M^{n+}] \times [Cl^-]^m} \tag{7}$$

$$[[MCl_m]^{(m-n)-}] = K \times [M^{n+}] \times [Cl^-]^m \tag{8}$$

ここで，この式をよく見ると安定度定数が大きい物質は，生成物である $[MCl_m]^{(m-n)-}$ の濃度が大きくなり，溶液中でできるだけ生成物の状態で存在しようとする性質が強いということがわかる．逆に安定度定数が小さい物質は生成物である $[MCl_m]^{(m-n)-}$ の濃度が小さくなり，溶液中でできるだけ反応物質のままで存在しようとする性質が強いということになる．金属ごとにこの

安定度定数 (K) の値が異なっており，今回のクロマトグラフィーにおいては次のような原理で分離が行われていることになる．

　今回のクロマトグラフィーではカラムに対して金属イオンを金属クロロ錯イオン (反応式 (6) の生成物質) として吸着させている．ここに濃度の濃い塩酸が流れているときには (8) 式の $[Cl^-]^m$ の項が十分大きいことなり，安定度定数の違いはあまり現れない．ところが溶離液中の塩酸濃度を下げていくと式の $[Cl^-]^m$ の項が小さくなっていく．すると安定度定数 (K) の小さい物質は生成物である $[MCl_m]^{(m-n)-}$ 濃度が下がりもとのイオンの状態となって溶出する．一方，安定度定数 (K) の大きい物質は $[Cl^-]^m$ の項が小さくなっても，生成物である $[MCl_m]^{(m-n)-}$ 濃度があまり下がらないため，陰イオンとして存在している量が多いのでカラム内に吸着されることとなる．このため今回のクロマトグラフィーの実験ではクロロ錯体の安定度定数が小さい金属ほど早くカラムから溶出し，クロロ錯体の安定度定数が大きい金属ほどのカラム内に長く吸着するため混合物中からの金属の分離が行われるのである．

参考図書

　分析化学関係の書籍など

実　験　確　認　欄

科		番	氏名

月　　日	月　　日	月　　日
ガイダンス	基本操作	題目

月　　日	月　　日	月　　日
題目	題目	題目

月　　日	月　　日	月　　日
題目	題目	題目

月　　日	月　　日	月　　日
題目	題目	題目

月　　日	メモ
題目	

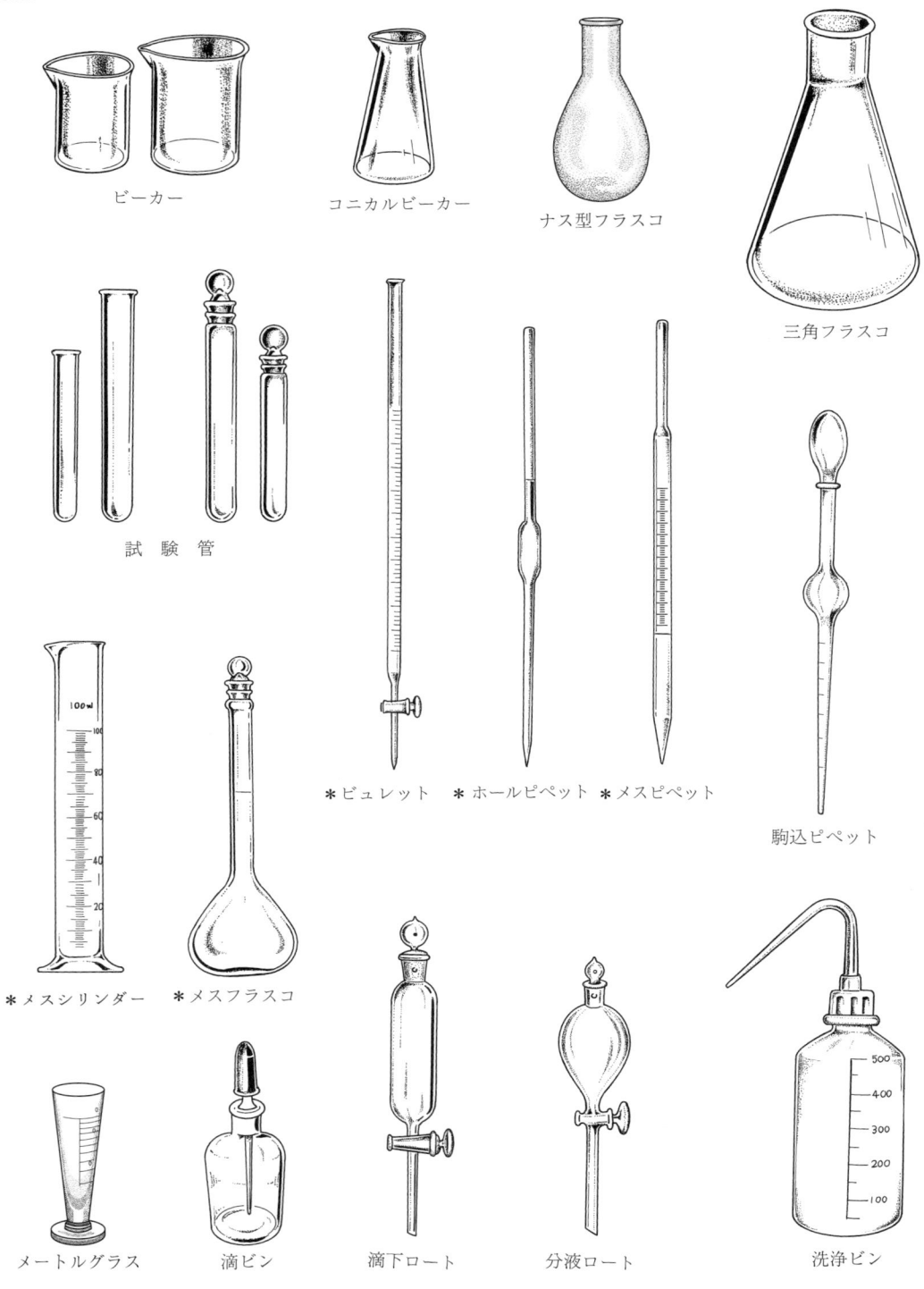

ビーカー　　　コニカルビーカー　　ナス型フラスコ

三角フラスコ

試　験　管

*ビュレット　*ホールピペット　*メスピペット

駒込ピペット

*メスシリンダー　*メスフラスコ

メートルグラス　　滴ビン　　　滴下ロート　　　分液ロート　　　洗浄ビン

*は測容器具

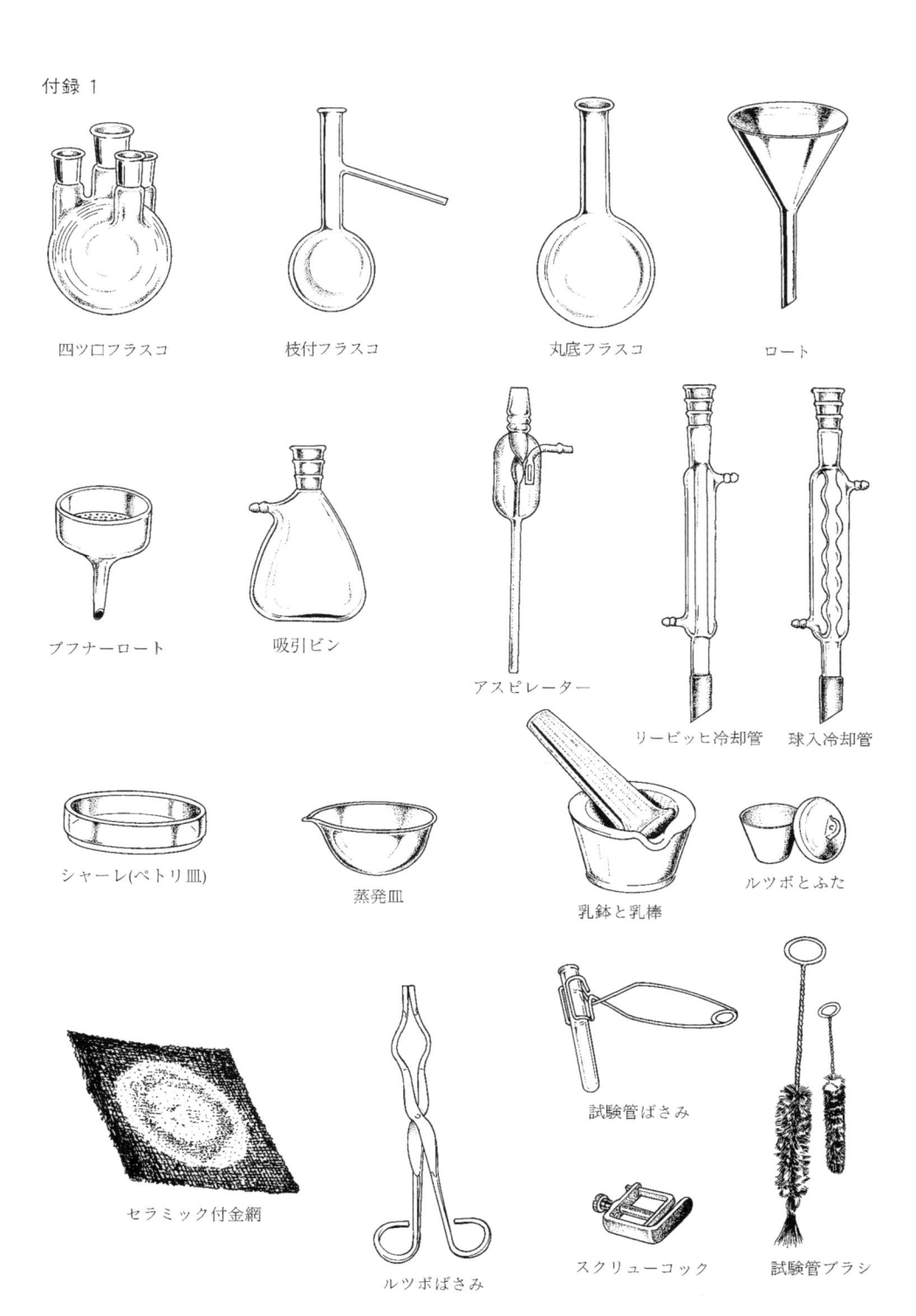

四ツ口フラスコ

枝付フラスコ

丸底フラスコ

ロート

ブフナーロート

吸引ビン

アスピレーター

リービッヒ冷却管

球入冷却管

シャーレ(ペトリ皿)

蒸発皿

乳鉢と乳棒

ルツボとふた

セラミック付金網

ルツボばさみ

試験管ばさみ

スクリューコック

試験管ブラシ

付録2

溶　解　度　積

名　　称	化　学　式	イ　オ　ン　積	溶解度積	温度/°C
硫　化　銀	Ag_2S	$[Ag^+]^2[S^{2-}]$	1.6×10^{-49}	18
ヨ　ウ　化　銀	AgI	$[Ag^+][I^-]$	1.5×10^{-16}	25
臭　化　銀	$AgBr$	$[Ag^+][Br^-]$	4.1×10^{-13}	25
塩　化　銀	$AgCl$	$[Ag^+][Cl^-]$	0.37×10^{-10}	25
チオシアン酸銀	$AgSCN$	$[Ag^+][SCN^-]$	1.16×10^{-12}	25
ク　ロ　ム　酸　銀	Ag_2CrO_4	$[Ag^+]^2[CrO_4{}^{2-}]$	9×10^{-12}	25
硫　化　水　銀(II)	HgS	$[Hg^{2+}][S^{2-}]$	4×10^{-53}	18
塩　化　水　銀(I)	Hg_2Cl_2	$[Hg_2{}^{2+}][Cl^-]^2$	1.3×10^{-21}	25
硫　化　鉛	PbS	$[Pb^{2+}][S^{2-}]$	3.4×10^{-28}	18
ク　ロ　ム　酸　鉛	$PbCrO_4$	$[Pb^{2+}][CrO_4{}^{2-}]$	1.8×10^{-14}	18
硫　酸　鉛	$PbSO_4$	$[Pb^{2+}][SO_4{}^{2-}]$	1.06×10^{-8}	18
塩　化　鉛	$PbCl_2$	$[Pb^{2+}][Cl^-]^2$	1.0×10^{-4}	25
硫　化　銅(II)	CuS	$[Cu^{2+}][S^{2-}]$	8.5×10^{-45}	18
水　酸　化　銅(II)	$Cu(OH)_2$	$[Cu^{2+}][OH^-]^2$	1.5×10^{-29}	18
硫化カドミウム	CdS	$[Cd^{2+}][S^{2-}]$	3.6×10^{-29}	18
水酸化アルミニウム	$Al(OH)_3$	$[Al^{3+}][OH^-]^3$	3.7×10^{-15}	25
硫　化　亜　鉛	ZnS	$[Zn^{2+}][S^{2-}]$	1.2×10^{-23}	18
水　酸　化　亜　鉛	$Zn(OH)_2$	$[Zn^{2+}][OH^-]^2$	1.8×10^{-14}	18
硫化マンガン	MnS	$[Mn^{2+}][S^{2-}]$	1.4×10^{-15}	18
水酸化マンガン	$Mn(OH)_2$	$[Mn^{2+}][OH^-]^2$	4×10^{-14}	18
水　酸　化　鉄(II)	$Fe(OH)_2$	$[Fe^{2+}][OH^-]^2$	1.64×10^{-14}	18
水　酸　化　鉄(III)	$Fe(OH)_3$	$[Fe^{3+}][OH^-]^3$	1.1×10^{-36}	18
硫　化　鉄(II)	FeS	$[Fe^{2+}][S^{2-}]$	3.7×10^{-19}	18
硫化ニッケル	NiS	$[Ni^{2+}][S^{2-}]$	$\begin{cases} \alpha\ 3 \times 10^{-19} \\ \beta\ 1 \times 10^{-24} \end{cases}$	室温
水酸化ニッケル	$Ni(OH)_2$	$[Ni^{2+}][OH^-]^2$	6.5×10^{-18}	室温
硫化コバルト	CoS	$[Co^{2+}][S^{2-}]$	3×10^{-26}	18
シュウ酸カルシウム	CaC_2O_4	$[Ca^{2+}][C_2O_4{}^{2-}]$	2.57×10^{-9}	25
炭酸カルシウム	$CaCO_3$	$[Ca^{2+}][CO_3{}^{2-}]$	0.87×10^{-8}	25
硫酸カルシウム	$CaSO_4$	$[Ca^{2+}][SO_4{}^{2-}]$	6.1×10^{-5}	10
炭酸ストロンチウム	$SrCO_3$	$[Sr^{2+}][CO_3{}^{2-}]$	1.6×10^{-9}	25
シュウ酸ストロンチウム	SrC_2O_4	$[Sr^{2+}][C_2O_4{}^{2-}]$	5.6×10^{-8}	18
硫酸ストロンチウム	$SrSO_4$	$[Sr^{2+}][SO_4{}^{2-}]$	2.8×10^{-7}	18
硫酸バリウム	$BaSO_4$	$[Ba^{2+}][SO_4{}^{2-}]$	0.8×10^{-10}	18
クロム酸バリウム	$BaCrO_4$	$[Ba^{2+}][CrO_4{}^{2-}]$	1.6×10^{-10}	18
炭酸バリウム	$BaCO_3$	$[Ba^{2+}][CO_3{}^{2-}]$	0.1×10^{-9}	18
シュウ酸バリウム	BaC_2O_4	$[Ba^{2+}][C_2O_4{}^{2-}]$	1.2×10^{-7}	18
水酸化マグネシウム	$Mg(OH)_2$	$[Mg^{2+}][OH^-]^2$	1.2×10^{-11}	18
炭酸マグネシウム	$MgCO_3$	$[Mg^{2+}][CO_3{}^{2-}]$	2.6×10^{-5}	12

（注）　室温は，18〜25°C の間を示す.

付録 3

標準電極電位（25 °C）

電極反応	（ボルト）	電極反応	（ボルト）
$Li^+ + e^- \rightleftarrows Li$	-3.045	$S_4O_6{}^{2-} + 2e^- \rightleftarrows 2S_2O_3{}^{2-}$	0.08
$K^+ + e^- \rightleftarrows K$	-2.925	$S + 2H^+ + 2e^- \rightleftarrows H_2S(aq)$	0.142
$Rb^+ + e^- \rightleftarrows Rb$	-2.925	$Sn^{4+} + 2e^- \rightleftarrows Sn^{2+}$	0.15
$Cs^+ + e^- \rightleftarrows Cs$	-2.923	$Cu^{2+} + e^- \rightleftarrows Cu^+$	0.153
$Ba^{2+} + 2e^- \rightleftarrows Ba$	-2.906	$Cu^{2+} + 2e^- \rightleftarrows Cu$	0.337
$Sr^{2+} + 2e^- \rightleftarrows Sr$	-2.888	$O_2 + 2H_2O + 4e^- \rightleftarrows 4OH^-$	0.401
$Ca^{2+} + 2e^- \rightleftarrows Ca$	-2.866	$Cu^+ + e^- \rightleftarrows Cu$	0.521
$Na^+ + e^- \rightleftarrows Na$	-2.714	$I_2 + 2e^- \rightleftarrows 2I^-$	0.536
$Mg^{2+} + 2e^- \rightleftarrows Mg$	-2.363	$MnO_4{}^- + 2H_2O + 3e^- \rightleftarrows MnO_2 + 4OH^-$	0.588
$Al(OH)_3 + 3e^- \rightleftarrows Al + 3OH^-$	-2.30	$O_2 + 2H^+ + 2e^- \rightleftarrows H_2O_2(aq)$	0.6824
$\frac{1}{2}H_2 + e^- \rightleftarrows H^-$	-2.25	$Fe^{3+} + e^- \rightleftarrows Fe^{2+}$	0.771
		$Hg_2{}^{2+} + 2e^- \rightleftarrows 2Hg$	0.788
$Be^{2+} + 2e^- \rightleftarrows Be$	-1.847	$Ag^+ + e^- \rightleftarrows Ag$	0.799
$Al^{3+} + 3e^- \rightleftarrows Al$	-1.662	$2Hg^{2+} + 2e^- \rightleftarrows Hg_2{}^{2+}$	0.920
$Mn^{2+} + 2e^- \rightleftarrows Mn$	-1.175	$Br_2(aq) + 2e^- \rightleftarrows 2Br^-$	1.082
$[Zn(NH_3)_4]^{2+} + 2e^- \rightleftarrows Zn + 4NH_3(aq)$	-1.04	$O_2 + 4H^+ + 4e^- \rightleftarrows 2H_2O(g)$	1.229
$SO_4{}^{2-} + H_2O + 2e^- \rightleftarrows SO_3{}^{2-} + 2OH^-$	-0.93	$MnO_2 + 4H^+ + 2e^- \rightleftarrows Mn^{2+} + 2H_2O$	1.23
$Zn^{2+} + 2e^- \rightleftarrows Zn$	-0.763	$Cr_2O_7{}^{2-} + 14H^+ + 6e^- \rightleftarrows 2Cr^{3+} + 7H_2O$	1.33
$Cr^{3+} + 3e^- \rightleftarrows Cr$	-0.744	$Cl_2(g) + 2e^- \rightleftarrows 2Cl^-$	1.358
$2CO_2(g) + 2H^+ + 2e^- \rightleftarrows H_2C_2O_4(aq)$	-0.49	$PbO_2 + 4H^+ + 2e^- \rightleftarrows Pb^{2+} + 2H_2O$	1.455
$S + 2e^- \rightleftarrows S^{2-}$	-0.447	$Au^{3+} + 3e^- \rightleftarrows Au$	1.498
$Fe^{2+} + 2e^- \rightleftarrows Fe$	-0.4402	$MnO_4{}^- + 8H^+ + 5e^- \rightleftarrows Mn^{2+} + 4H_2O$	1.51
$Cd^{2+} + 2e^- \rightleftarrows Cd$	-0.4029	$HClO + H^+ + e^- \rightleftarrows \frac{1}{2}Cl_2 + H_2O$	1.63
$PbSO_4 + 2e^- \rightleftarrows Pb + SO_4{}^{2-}$	-0.358	$PbO_2 + SO_4{}^{2-} + 4H^+ + 2e^- \rightleftarrows PbSO_4 + 2H_2O$	1.682
$Co^{2+} + 2e^- \rightleftarrows Co$	-0.277	$MnO_4{}^- + 4H^+ + 3e^- \rightleftarrows MnO_2 + 2H_2O$	1.695
$Ni^{2+} + 2e^- \rightleftarrows Ni$	-0.250	$H_2O_2 + 2H^+ + 2e^- \rightleftarrows 2H_2O$	1.776
$Sn^{2+} + 2e^- \rightleftarrows Sn$	-0.138	$F_2(g) + 2e^- \rightleftarrows 2F^-$	2.87
$Pb^{2+} + 2e^- \rightleftarrows Pb$	-0.126	$F_2(g) + 2H^+ + 2e^- \rightleftarrows 2HF(aq)$	3.06
$MnO_2 + 2H_2O + 2e^- \rightleftarrows Mn(OH)_2 + 2OH^-$	-0.05		
$2H^+ + 2e^- \rightleftarrows H_2$	± 0.000		

付録 4

定性分析用試薬の調製

名　称	濃度	化　学　式	調　製　法
濃　　塩　　酸	$12\,mol\,L^{-1}$	HCl	比重 1.19 の市販純品をそのまま用いる
塩　　　　酸	$6\,mol\,L^{-1}$	〃	12 M HCl と等体積の水を加える
濃　　硝　　酸	$14\,mol\,L^{-1}$	HNO_3	比重 1.38 の市販純品をそのまま用いる
硝　　　　酸	$6\,mol\,L^{-1}$	〃	14 N HNO_3 429 mL＋H_2O で 1 L とする
濃　　硫　　酸	約$18\,mol\,L^{-1}$	H_2SO_4	96 % 比重 1.83 の市販純品をそのまま用いる
硫　　　　酸	$9\,mol\,L^{-1}$	〃	96 % H_2SO_4 を等容の水に加える
〃	$3\,mol\,L^{-1}$	〃	96 % H_2SO_4 を 5 倍容の水に加える
酢　　　　酸	$6\,mol\,L^{-1}$	CH_3COOH	98 % CH_3COOH 345 mL＋H_2O 655 mL
濃アンモニア水	$15\,mol\,L^{-1}$	NH_3	比重 0.90 の市販品を用いる
アンモニア水	$6\,mol\,L^{-1}$	〃	15M NH_3 400 mL＋H_2O 600 mL
水酸化ナトリウム （カセイソーダ）	$6\,mol\,L^{-1}$	NaOH	純粋な NaOH 240 g を水に溶かして 1000 mL とする
塩化アンモニウム	$3\,mol\,L^{-1}$	NH_4Cl	NH_4Cl 161 g を水に溶かして 1000 mL とする
酢酸アンモニウム	$3\,mol\,L^{-1}$	CH_3COONH_4	CH_3COONH_4 290 g を水に溶かして 1000 mL とする
炭酸アンモニウム	$3\,mol\,L^{-1}$	$(NH_4)_2CO_3$	市販の炭酸アンモニウム（250 g を 6 M NH_3 水に溶かし 1000 mL とする）
硫化アンモニウム	$3\,mol\,L^{-1}$	$(NH_4)_2S$	15 M NH_3 水 200 mL を試薬ビンに取り，これを流水で冷却しながら，H_2S ガスを通じて飽和させてから，これに 15 M NH_3 水 200 mL を加え，水で 1000 mL とする
硫酸アンモニウム	$0.25\,mol\,L^{-1}$	$(NH_4)_2SO_4$	$(NH_4)_2SO_4$ 31 g を水に溶かして 1000 mL とする
シュウ酸アンモニウム	$0.15\,mol\,L^{-1}$	$(NH_4)_2C_2O_4$	$(NH_4)_2C_2O_4 \cdot H_2O$ 20 g を水に溶かして 1000 mL とする

指示薬の調製法

指示薬名	酸性色	変色域の pH	アルカリ性色	調　製
メチルオレンジ	赤	3.1〜4.4	黄	0.1 % 水溶液
ブロモチモールブルー	黄	6.0〜7.6	青	50 % エタノールに 0.1 % 溶かす.
フェノールフタレイン	無	8.3〜10.0	赤	95 % エタノールに 0.2 % 溶かす.

付録 5 物理量，化学量の SI 単位と重要な物理定数

付表 5-1 SI 基本・補助単位の名称と記号

基本単位	長　さ	メートル	m
	質　量	キログラム	kg
	時　間	秒	s
	電　流	アンペア	A
	熱力学温度	ケルビン	K
	物質量	モル	mol
	光　度	カンデラ	cd
補助単位	平面角	ラジアン	rad
	立体角	ステラジアン	sr

付表 5-2 10 の整数乗倍を表す SI 接頭語の名称と記号

10^{-1}	d（デシ）	10^{1}	da（デカ）
10^{-2}	c（センチ）	10^{2}	h（ヘクト）
10^{-3}	m（ミリ）	10^{3}	k（キロ）
10^{-6}	μ（マイクロ）	10^{6}	M（メガ）
10^{-9}	n（ナノ）	10^{9}	G（ギガ）
10^{-12}	p（ピコ）	10^{12}	T（テラ）
10^{-15}	f（フェムト）	10^{15}	P（ペタ）
10^{-18}	a（アト）	10^{18}	E（エクサ）
10^{-21}	z（ゼプト）	10^{21}	Z（ゼタ）
10^{-24}	y（ヨクト）	10^{24}	Y（ヨタ）

付表 5-3 化学名の数詞接頭語の名称

数	名　　称	
1	mono-（uni-）	モノ（ユニ）
2	di-（bi-），bis-*	ジ（ビ），ビス*
3	tri-（ter-），tris-*	トリ（テル），トリス*
4	tetra-（quater-）	テトラ（クァテル）
5	penta-（quinque-）	ペンタ（キンク）
6	hexa-（sexi-）	ヘキサ（セクシ）
7	hepta-（septi-）	ヘプタ（セプチ）
8	octa-（octi-）	オクタ（オクチ）
9	ennea-（nona-, novi-）	エンネア（ノナ，ノビ）
10	deca-（deci-）	デカ（デシ）
11	hendeca-（undeca-）	ヘンデカ（ウンデカ）
12	dodeca-	ドデカ

（　）内は，ラテン語に由来するもの.

* 数詞ではじまる原子団などの数を示すときに用いる.

付表 5-4 特別の名称と記号をもつ SI 誘導単位

量	名称・記号		他の単位との関係	
周　波　数	ヘルツ	Hz		s^{-1}
力	ニュートン	N		$m\,kg\,s^{-2}$
圧力，応力	パスカル	Pa	$N\,m^{-2}$	$m^{-1}\,kg\,s^{-2}$
エネルギー，仕事，熱量	ジュール	J	$N\,m$	$m^{2}\,kg\,s^{-2}$
工率，仕事率	ワット	W	$J\,s^{-1}$	$m^{2}\,kg\,s^{-3}$
電　　荷	クーロン	C		$s\,A$
電　　位	ボルト	V	$J\,C^{-1}$	$m^{2}\,kg\,s^{-3}\,A^{-1}$
静　電　容　量	ファラド	F	$C\,V^{-1}$	$m^{-2}\,kg^{-1}\,s^{4}\,A^{2}$
電　気　抵　抗	オーム	Ω	$V\,A^{-1}$	$m^{2}\,kg\,s^{-3}\,A^{-2}$
コンダクタンス	ジーメンス	S	Ω^{-1}	$m^{-2}\,kg^{-1}\,s^{3}\,A^{2}$
磁　　束	ウェーバ	Wb	$V\,s$	$m^{2}\,kg\,s^{-2}\,A^{-1}$
磁　束　密　度	テスラ	T	$V\,s\,m^{-2}$	$kg\,s^{-2}\,A^{-1}$
インダクタンス	ヘンリー	H	$V\,s\,A^{-1}$	$m^{2}\,kg\,s^{-2}\,A^{-2}$
セルシウス温度	セルシウス度 °C		（絶対温度）-273.15	

付表 5-5　非 SI 単位

量	名称・記号		SI 単位による値	
長　　さ	オングストローム	Å	$(= 0.1\,\mathrm{nm}) = 10^{-10}$	m
	ミクロン	μ	$(= 1\,\mu\mathrm{m}) = 10^{-6}$	m
質　　量	原子質量定数	u	$= 1.660\,539 \times 10^{-27}$	kg
	（統一原子質量単位）			
	トン	t	$(= 10^3\,\mathrm{kg}) = 10^6$	g
時　　間	分	min	$= 60$	s
	時間	h	$= 3\,600$	s
	日	d	$= 86\,400$	s
体　　積	リットル	L	$= 10^{-3}$	m^3
圧　　力	バール	bar	$(= 0.1\,\mathrm{MPa}) = 10^5$	Pa
	標準大気圧	atm	$101\,325$	Pa
	トル（mmHg）	Torr	$= (101\,325/760)$	Pa
エネルギー	熱化学カロリー	cal	$= 4.184$	J
エネルギー	電子ボルト	eV	$= 1.602\,18 \times 10^{-19}$	J

付表 5-6　基本物理定数の値

物理定数	記号	数値と単位	
真空中の光速度	c, c_0	$299\,792\,458$	$\mathrm{m\,s^{-1}}$
真空の誘電率	$\varepsilon_0 = 1/\mu_0 c^2$	$8.854\,187\,8128(13) \times 10^{-12}$	$\mathrm{F\,m^{-1}}$
真空の透磁率	μ_0	$4\pi \times 10^{-7}$	$\mathrm{N\,A^{-2}}$
万有引力定数（重力定数）	G	$6.674\,30(15) \times 10^{-11}$	$\mathrm{m^3\,kg^{-1}\,s^{-2}}$
重力下の標準加速度	g_n	$9.806\,65$	$\mathrm{m\,s^{-2}}$
電気素量	e	$1.602\,176\,634 \times 10^{-19}$	C
プランク定数	h	$6.626\,070\,15 \times 10^{-34}$	J s
アボガドロ定数	N_A, L	$6.022\,140\,76 \times 10^{23}$	$\mathrm{mol^{-1}}$
ファラデー定数	$F = N_\mathrm{A}e$	$9.648\,533\,212\ldots \times 10^4$	$\mathrm{C\,mol^{-1}}$
リュードベリ定数	R_∞	$1.097\,373\,1 \times 10^7$	$\mathrm{m^{-1}}$
ボーア半径	a_0	$5.291\,772 \times 10^{-11}$	m
気体定数	$R = N_\mathrm{A}k_\mathrm{B}$	$8.314\,462\,618\ldots$	$\mathrm{J\,K^{-1}\,mol^{-1}}$
絶対零度	T_0	-273.15	$^\circ\mathrm{C}$
ボルツマン定数	k_B, k	$1.380\,649 \times 10^{-23}$	$\mathrm{J\,K^{-1}}$
理想気体のモル体積	V_0	$22.710\,954\,64\ldots$	$\mathrm{L\,mol^{-1}}$
$(1.013\,25 \times 10^5\,\mathrm{Pa},\ 273.15\,\mathrm{K})$			

付表 5-7　ギリシア文字のアルファベットと読み方

A, α	alpha	アルファ	N, ν	nu	ニュー
B, β	beta	ベータ	Ξ, ξ	xi	グザイ，クシー
Γ, γ	gamma	ガンマ	O, o	omicron	オミクロン
Δ, δ	delta	デルタ	Π, π	pi	パイ
E, ε	epsilon	イプシロン	P, ρ	rho	ロー
Z, ζ	zeta	ツェータ	Σ, σ	sigma	シグマ
H, η	eta	エータ	T, τ	tau	タウ
Θ, θ	theta	シータ	Υ, υ	upsilon	ウプシロン
I, ι	iota	イオタ	Φ, φ, ϕ	phi	ファイ
K, κ	kappa	カッパ	X, χ	chi	カイ
Λ, λ	lambda	ラムダ	Ψ, ψ	psi	プサイ
M, μ	mu	ミュー	Ω, ω	omega	オメガ

付録6

4桁の原子量表（2024）

（元素の原子量は，質量数12の炭素（^{12}C）を12とし，これに対する相対値とする。）

　本表は，実用上の便宜を考えて，国際純正・応用化学連合（IUPAC）で承認された最新の原子量に基づき，日本化学会原子量専門委員会が独自に作成したものである。本来，同位体存在度の不確定さは，自然に，あるいは人為的に起こりうる変動や実験誤差のために，元素ごとに異なる。従って，個々の原子量の値は，正確度が保証された有効数字の桁数が大きく異なる。本表の原子量を引用する際には，このことに注意を喚起することが望ましい。

　なお，本表の原子量の信頼性はリチウム，亜鉛の場合を除き有効数字の4桁目で±1以内である（両元素については脚注参照）。また，安定同位体がなく，天然で特定の同位体組成を示さない元素については，その元素の放射性同位体の質量数の一例を（　）内に示した。従って，その値を原子量として扱うことは出来ない。

原子番号	元　素　名	元素記号	原子量	原子番号	元　素　名	元素記号	原子量
1	水　　　　素	H	1.008	44	ルテニウム	Ru	101.1
2	ヘリウム	He	4.003	45	ロジウム	Rh	102.9
3	リチウム	Li	6.94 †	46	パラジウム	Pd	106.4
4	ベリリウム	Be	9.012	47	銀	Ag	107.9
5	ホウ素	B	10.81	48	カドミウム	Cd	112.4
6	炭　　　　素	C	12.01	49	インジウム	In	114.8
7	窒　　　　素	N	14.01	50	スズ	Sn	118.7
8	酸　　　　素	O	16.00	51	アンチモン	Sb	121.8
9	フッ素	F	19.00	52	テルル	Te	127.6
10	ネオン	Ne	20.18	53	ヨウ素	I	126.9
11	ナトリウム	Na	22.99	54	キセノン	Xe	131.3
12	マグネシウム	Mg	24.31	55	セシウム	Cs	132.9
13	アルミニウム	Al	26.98	56	バリウム	Ba	137.3
14	ケイ素	Si	28.09	57	ランタン	La	138.9
15	リン	P	30.97	58	セリウム	Ce	140.1
16	硫　　　　黄	S	32.07	59	プラセオジム	Pr	140.9
17	塩　　　　素	Cl	35.45	60	ネオジム	Nd	144.2
18	アルゴン	Ar	39.95	61	プロメチウム	Pm	(145)
19	カリウム	K	39.10	62	サマリウム	Sm	150.4
20	カルシウム	Ca	40.08	63	ユウロピウム	Eu	152.0
21	スカンジウム	Sc	44.96	64	ガドリニウム	Gd	157.3
22	チタン	Ti	47.87	65	テルビウム	Tb	158.9
23	バナジウム	V	50.94	66	ジスプロシウム	Dy	162.5
24	クロム	Cr	52.00	67	ホルミウム	Ho	164.9
25	マンガン	Mn	54.94	68	エルビウム	Er	167.3
26	鉄	Fe	55.85	69	ツリウム	Tm	168.9
27	コバルト	Co	58.93	70	イッテルビウム	Yb	173.0
28	ニッケル	Ni	58.69	71	ルテチウム	Lu	175.0
29	銅	Cu	63.55	72	ハフニウム	Hf	178.5
30	亜　　　　鉛	Zn	65.38 *	73	タンタル	Ta	180.9
31	ガリウム	Ga	69.72	74	タングステン	W	183.8
32	ゲルマニウム	Ge	72.63	75	レニウム	Re	186.2
33	ヒ素	As	74.92	76	オスミウム	Os	190.2
34	セレン	Se	78.97	77	イリジウム	Ir	192.2
35	臭　　　　素	Br	79.90	78	白　　　　金	Pt	195.1
36	クリプトン	Kr	83.80	79	金	Au	197.0
37	ルビジウム	Rb	85.47	80	水　　　　銀	Hg	200.6
38	ストロンチウム	Sr	87.62	81	タリウム	Tl	204.4
39	イットリウム	Y	88.91	82	鉛	Pb	207.2
40	ジルコニウム	Zr	91.22	83	ビスマス	Bi	209.0
41	ニオブ	Nb	92.91	84	ポロニウム	Po	(210)
42	モリブデン	Mo	95.95	85	アスタチン	At	(210)
43	テクネチウム	Tc	(99)	86	ラドン	Rn	(222)

原子番号	元　素　名	元素記号	原子量
87	フ ラ ン シ ウ ム	Fr	(223)
88	ラ ジ ウ ム	Ra	(226)
89	ア ク チ ニ ウ ム	Ac	(227)
90	ト リ ウ ム	Th	232.0
91	プロトアクチニウム	Pa	231.0
92	ウ ラ ン	U	238.0
93	ネ プ ツ ニ ウ ム	Np	(237)
94	プ ル ト ニ ウ ム	Pu	(239)
95	ア メ リ シ ウ ム	Am	(243)
96	キ ュ リ ウ ム	Cm	(247)
97	バ ー ク リ ウ ム	Bk	(247)
98	カリホルニウム	Cf	(252)
99	アインスタイニウム	Es	(252)
100	フ ェ ル ミ ウ ム	Fm	(257)
101	メ ン デ レ ビ ウ ム	Md	(258)
102	ノ ー ベ リ ウ ム	No	(259)

原子番号	元　素　名	元素記号	原子量
103	ロ ー レ ン シ ウ ム	Lr	(262)
104	ラ ザ ホ ー ジ ウ ム	Rf	(267)
105	ド ブ ニ ウ ム	Db	(268)
106	シ ー ボ ー ギ ウ ム	Sg	(271)
107	ボ ー リ ウ ム	Bh	(272)
108	ハ ッ シ ウ ム	Hs	(277)
109	マ イ ト ネ リ ウ ム	Mt	(276)
110	ダームスタチウム	Ds	(281)
111	レントゲニウム	Rg	(280)
112	コ ペ ル ニ シ ウ ム	Cn	(285)
113	ニ ホ ニ ウ ム	Nh	(278)
114	フ レ ロ ビ ウ ム	Fl	(289)
115	モ ス コ ビ ウ ム	Mc	(289)
116	リ バ モ リ ウ ム	Lv	(293)
117	テ ネ シ ン	Ts	(293)
118	オ ガ ネ ソ ン	Og	(294)

†：人為的に ^{6}Li が抽出され，リチウム同位体比が大きく変動した物質が存在するために，リチウムの原子量は大きな変動幅をもつ。従って本表では例外的に 3 桁の値が与えられている。なお，天然の多くの物質中でのリチウムの原子量は 6.94 に近い。

*：亜鉛に関しては原子量の信頼性は有効数字 4 桁目で ±2 である。

元素の周期表(2024)

凡例:
原子番号 元素記号[注1]
元素名
原子量(2024)[注2]

周期＼族	1	2	3	4	5	6	7	8	9	10	11	12	13	14	15	16	17	18	族／周期
1	1 **H** 水素 1.00784~1.00811																	2 **He** ヘリウム 4.002602	1
2	3 **Li** リチウム 6.938~6.997	4 **Be** ベリリウム 9.0121831											5 **B** ホウ素 10.806~10.821	6 **C** 炭素 12.0096~12.0116	7 **N** 窒素 14.00643~14.00728	8 **O** 酸素 15.99903~15.99977	9 **F** フッ素 18.998403162	10 **Ne** ネオン 20.1797	2
3	11 **Na** ナトリウム 22.98976928	12 **Mg** マグネシウム 24.304~24.307											13 **Al** アルミニウム 26.9815384	14 **Si** ケイ素 28.084~28.086	15 **P** リン 30.973761998	16 **S** 硫黄 32.059~32.076	17 **Cl** 塩素 35.446~35.457	18 **Ar** アルゴン 39.792~39.963	3
4	19 **K** カリウム 39.0983	20 **Ca** カルシウム 40.078	21 **Sc** スカンジウム 44.955907	22 **Ti** チタン 47.867	23 **V** バナジウム 50.9415	24 **Cr** クロム 51.9961	25 **Mn** マンガン 54.938043	26 **Fe** 鉄 55.845	27 **Co** コバルト 58.933194	28 **Ni** ニッケル 58.6934	29 **Cu** 銅 63.546	30 **Zn** 亜鉛 65.38	31 **Ga** ガリウム 69.723	32 **Ge** ゲルマニウム 72.630	33 **As** ヒ素 74.921595	34 **Se** セレン 78.971	35 **Br** 臭素 79.901~79.907	36 **Kr** クリプトン 83.798	4
5	37 **Rb** ルビジウム 85.4678	38 **Sr** ストロンチウム 87.62	39 **Y** イットリウム 88.905838	40 **Zr** ジルコニウム 91.224	41 **Nb** ニオブ 92.90637	42 **Mo** モリブデン 95.95	43 **Tc*** テクネチウム (99)	44 **Ru** ルテニウム 101.07	45 **Rh** ロジウム 102.90549	46 **Pd** パラジウム 106.42	47 **Ag** 銀 107.8682	48 **Cd** カドミウム 112.414	49 **In** インジウム 114.818	50 **Sn** スズ 118.710	51 **Sb** アンチモン 121.760	52 **Te** テルル 127.60	53 **I** ヨウ素 126.90447	54 **Xe** キセノン 131.293	5
6	55 **Cs** セシウム 132.90545196	56 **Ba** バリウム 137.327	57~71 ランタノイド	72 **Hf** ハフニウム 178.486	73 **Ta** タンタル 180.94788	74 **W** タングステン 183.84	75 **Re** レニウム 186.207	76 **Os** オスミウム 190.23	77 **Ir** イリジウム 192.217	78 **Pt** 白金 195.084	79 **Au** 金 196.966570	80 **Hg** 水銀 200.592	81 **Tl** タリウム 204.382~204.385	82 **Pb** 鉛 206.14~207.94	83 **Bi*** ビスマス 208.98040	84 **Po*** ポロニウム (210)	85 **At*** アスタチン (210)	86 **Rn*** ラドン (222)	6
7	87 **Fr*** フランシウム (223)	88 **Ra*** ラジウム (226)	89~103 アクチノイド	104 **Rf*** ラザホージウム (267)	105 **Db*** ドブニウム (268)	106 **Sg*** シーボーギウム (271)	107 **Bh*** ボーリウム (272)	108 **Hs*** ハッシウム (277)	109 **Mt*** マイトネリウム (276)	110 **Ds*** ダームスタチウム (281)	111 **Rg*** レントゲニウム (280)	112 **Cn*** コペルニシウム (285)	113 **Nh*** ニホニウム (278)	114 **Fl*** フレロビウム (289)	115 **Mc*** モスコビウム (289)	116 **Lv*** リバモリウム (293)	117 **Ts*** テネシン (293)	118 **Og*** オガネソン (294)	7

ランタノイド	57 **La** ランタン 138.90547	58 **Ce** セリウム 140.116	59 **Pr** プラセオジム 140.90766	60 **Nd** ネオジム 144.242	61 **Pm*** プロメチウム (145)	62 **Sm** サマリウム 150.36	63 **Eu** ユウロピウム 151.964	64 **Gd** ガドリニウム 157.25	65 **Tb** テルビウム 158.925354	66 **Dy** ジスプロシウム 162.500	67 **Ho** ホルミウム 164.930329	68 **Er** エルビウム 167.259	69 **Tm** ツリウム 168.934219	70 **Yb** イッテルビウム 173.045	71 **Lu** ルテチウム 174.9668
アクチノイド	89 **Ac*** アクチニウム (227)	90 **Th*** トリウム 232.0377	91 **Pa*** プロトアクチニウム 231.03588	92 **U*** ウラン 238.02891	93 **Np*** ネプツニウム (237)	94 **Pu*** プルトニウム (239)	95 **Am*** アメリシウム (243)	96 **Cm*** キュリウム (247)	97 **Bk*** バークリウム (247)	98 **Cf*** カリホルニウム (252)	99 **Es*** アインスタイニウム (252)	100 **Fm*** フェルミウム (257)	101 **Md*** メンデレビウム (258)	102 **No*** ノーベリウム (259)	103 **Lr*** ローレンシウム (262)

注1: 元素記号の右肩の*はその元素には安定同位体が存在しないことを示す。そのような元素については放射性同位体の質量数の一例を（ ）内に示した。ただし，Bi，Th，Pa，U については天然で特定の同位体組成を示すので原子量が与えられる。

注2: この周期表には最新の原子量「原子量表（2024）」が示されている。原子量は単一の数値あるいは変動範囲で示されている。原子量が範囲で示されている14元素には複数の安定同位体が存在し，その組成が天然において大きく変動するため単一の数値で原子量が与えられない。その他の70元素については，原子量の不確かさは示された数値の最後の桁にある。なお，原子量は主要な同位体から計算されるが，これには安定同位体および半減期が5億年以上の放射性同位体が含まれる。ただし，^{230}Thと^{234}Uは^{238}Uの，^{231}Paは^{235}Uの壊変生成物として常に自然界に存在するために主要な同位体として扱っている。

付録 7

水の飽和蒸気圧

$t/°C$	0.0	0.1	0.2	0.3	0.4	0.5	0.6	0.7	0.8	0.9
0.	611.21	615.67	620.15	624.67	629.21	633.78	638.38	643.01	647.67	652.36
1.	657.08	661.83	666.61	671.42	676.26	681.14	686.04	690.98	695.94	700.94
2.	705.97	711.03	716.13	721.26	726.41	731.61	736.83	742.09	747.38	752.70
3.	758.06	763.45	768.88	774.34	779.83	785.36	790.92	796.52	802.15	807.82
4.	813.52	819.26	825.03	830.84	836.69	842.57	848.49	854.45	860.44	866.47
5.	872.54	878.64	884.79	890.97	897.19	903.44	909.74	916.07	922.45	928.86
6.	935.31	941.80	948.34	954.91	961.52	968.17	974.86	981.60	988.37	995.19
7.	1 002.0	1 008.9	1 015.9	1 022.9	1 029.9	1 037.0	1 044.1	1 051.2	1 058.4	1 065.7
8.	1 072.9	1 080.3	1 087.6	1 095.1	1 102.5	1 110.0	1 117.6	1 125.2	1 132.8	1 140.5
9.	1 148.2	1 156.0	1 163.8	1 171.7	1 179.6	1 187.6	1 195.6	1 203.7	1 211.8	1 219.9
10.	1 228.1	1 236.4	1 244.7	1 253.0	1 261.4	1 269.9	1 278.4	1 286.9	1 295.5	1 304.2
11.	1 312.9	1 321.7	1 330.5	1 339.3	1 348.2	1 357.2	1 366.2	1 375.3	1 384.4	1 393.5
12.	1 402.8	1 412.1	1 421.4	1 430.8	1 440.2	1 449.7	1 459.3	1 468.9	1 478.5	1 488.2
13.	1 498.0	1 507.8	1 517.7	1 527.7	1 537.7	1 547.7	1 557.9	1 568.0	1 578.3	1 588.6
14.	1 598.9	1 609.3	1 619.8	1 630.3	1 640.9	1 651.6	1 662.3	1 673.0	1 683.9	1 694.8
15.	1 705.7	1 716.7	1 727.8	1 739.0	1 750.2	1 761.4	1 772.8	1 784.2	1 795.6	1 807.1
16.	1 818.7	1 830.4	1 842.1	1 853.9	1 865.8	1 877.7	1 889.7	1 901.7	1 913.8	1 926.0
17.	1 938.3	1 950.6	1 963.0	1 975.5	1 988.0	2 000.6	2 013.3	2 026.0	2 038.8	2 051.7
18.	2 064.7	2 077.7	2 090.8	2 104.0	2 117.2	2 130.5	2 143.9	2 157.4	2 170.9	2 184.5
19.	2 198.2	2 212.0	2 225.8	2 239.7	2 253.7	2 267.8	2 281.9	2 296.1	2 310.4	2 324.8
20.	2 339.2	2 353.8	2 368.4	2 383.1	2 397.8	2 412.7	2 427.6	2 442.6	2 457.7	2 472.9
21.	2 488.2	2 503.5	2 518.9	2 534.4	2 550.0	2 565.7	2 581.4	2 597.3	2 613.2	2 629.2
22.	2 645.3	2 661.5	2 677.7	2 694.1	2 710.5	2 727.1	2 743.7	2 760.4	2 777.2	2 794.1
23.	2 811.0	2 828.1	2 845.2	2 862.5	2 879.8	2 897.2	2 914.8	2 932.4	2 950.1	2 967.9
24.	2 985.8	3 003.7	3 021.8	3 040.0	3 058.3	3 076.6	3 095.1	3 113.6	3 132.3	3 151.1
25.	3 169.9	3 188.9	3 207.9	3 227.0	3 246.3	3 265.6	3 285.1	3 304.6	3 324.3	3 344.0
26.	3 363.9	3 383.8	3 403.9	3 424.0	3 444.3	3 464.7	3 485.2	3 505.7	3 526.4	3 547.2
27.	3 568.1	3 589.1	3 610.2	3 631.5	3 652.8	3 674.2	3 695.8	3 717.4	3 739.2	3 761.1
28.	3 783.1	3 805.2	3 827.4	3 849.7	3 872.2	3 894.7	3 917.4	3 940.2	3 963.1	3 986.1
29.	4 009.2	4 032.5	4 055.8	4 079.3	4 102.9	4 126.6	4 150.5	4 174.4	4 198.5	4 222.7
30.	4 247.0	4 271.5	4 296.0	4 320.7	4 345.5	4 370.5	4 395.5	4 420.7	4 446.0	4 471.5
31.	4 497.0	4 522.7	4 648.5	4 574.5	4 600.5	4 626.7	4 653.1	4 679.5	4 706.1	4 732.8
32.	4 759.7	4 786.7	4 813.8	4 841.0	4 868.4	4 895.9	4 923.6	4 951.4	4 979.3	5 007.4
33.	5 035.6	5 063.9	5 092.4	5 121.0	5 149.7	5 178.6	5 207.7	5 236.8	5 266.2	5 295.6
34.	5 325.2	5 355.0	5 384.8	5 414.9	5 445.1	5 475.4	5 505.9	5 536.5	5 567.2	5 598.1
35.	5 629.2	5 660.4	5 691.8	5 723.3	5 754.9	5 786.8	5 818.7	5 850.8	5 883.1	5 915.5
36.	5 948.1	5 980.8	6 013.7	6 046.8	6 080.0	6 113.3	6 146.9	6 180.5	6 214.4	6 248.4
37.	6 282.5	6 316.9	6 351.3	6 386.0	6 420.8	6 455.8	6 490.9	6 526.2	6 561.7	6 597.3
38.	6 633.1	6 669.1	6 705.2	6 741.5	6 778.0	6 814.7	6 851.5	6 888.5	6 925.6	6 963.0
39.	7 000.5	7 038.2	7 076.0	7 114.1	7 152.3	7 190.7	7 229.2	7 268.0	7 306.9	7 346.0
40.	7 385.3	7 424.8	7 464.4	7 504.2	7 544.3	7 584.5	7 624.8	7 665.4	7 706.2	7 747.1

(出典：JIS X 8806:2001 湿度-測定方法　付表 1.1 水の飽和蒸気圧より抜粋)

かがくじっけんししん
化学実験指針　第 5 版

1990 年　3 月	第 1 版	第 1 刷	発行
1999 年　3 月	第 1 版	第 8 刷	発行
2000 年　3 月	第 2 版	第 1 刷	発行
2003 年　3 月	第 2 版	第 4 刷	発行
2004 年　3 月	第 3 版	第 1 刷	発行
2014 年　3 月	第 3 版	第 11 刷	発行
2015 年　3 月	第 4 版	第 1 刷	発行
2023 年　3 月	第 4 版	第 9 刷	発行
2024 年 3 月	**第 5 版**	**第 1 刷**	**発行**
2025 年 3 月	**第 5 版**	**第 2 刷**	**発行**

編　　者　　千葉工業大学教育センター化学教室
発 行 者　　発 田 和 子
発 行 所　　株式会社　学術図書出版社

〒113−0033　　東京都文京区本郷 5 丁目 4 の 6
TEL 03−3811−0889　　振替　00110−4−28454
印刷　三美印刷 (株)